U0169493

主 编 张 兵 钱鹏飞 朱 勇
副主编 高 强 季 晨 李富柱

# 液压传动与控制

HYDRAULIC
TRANSMISSION
AND CONTROL

编辑委员会

**主 任**
莫纪平

**副主任**
陆雨林 季 兵

**成 员**
刘彬霞 张东萍
邵应清 常 玲

江苏大学出版社
JIANGSU UNIVERSITY PRESS
镇 江

**图书在版编目(CIP)数据**

液压传动与控制 / 张兵，钱鹏飞，朱勇主编. — 镇江：江苏大学出版社，2022.2
ISBN 978-7-5684-1765-5

Ⅰ. ①液… Ⅱ. ①张… ②钱… ③朱… Ⅲ. ①液压传动②液压控制 Ⅳ. ①TH137

中国版本图书馆 CIP 数据核字(2022)第 026986 号

**液压传动与控制**

Yeya Chuandong yu Kongzhi

| | |
|---|---|
| 主　　编/ | 张　兵　钱鹏飞　朱　勇 |
| 责任编辑/ | 孙文婷 |
| 出版发行/ | 江苏大学出版社 |
| 地　　址/ | 江苏省镇江市梦溪园巷 30 号(邮编：212003) |
| 电　　话/ | 0511-84446464(传真) |
| 网　　址/ | http：//press.ujs.edu.cn |
| 排　　版/ | 镇江市江东印刷有限责任公司 |
| 印　　刷/ | 句容市排印厂 |
| 开　　本/ | 787 mm×1 092 mm　1/16 |
| 印　　张/ | 12 |
| 字　　数/ | 258 千字 |
| 版　　次/ | 2022 年 2 月第 1 版 |
| 印　　次/ | 2022 年 2 月第 1 次印刷 |
| 书　　号/ | ISBN 978-7-5684-1765-5 |
| 定　　价/ | 55.00 元 |

如有印装质量问题请与本社营销部联系(电话：0511-84440882)

# 前言

　　液压传动与控制技术是机械大类创新型人才应掌握的传动与控制技术的重要组成部分。在推进工程专业认证、一流课程建设和一流专业建设的大背景下，培养学生的工程思维等人才建设需求对"液压传动与控制"课程的教材建设提出了新的要求。

　　"液压传动与控制"的课程目标是使学生掌握液压传动的基础知识和各种液压元件的工作原理、应用及选用方法，熟悉各类液压基本回路的功用、组成和应用场合，了解国内外先进技术成果在液压技术领域的应用。

　　本书编写过程中，贯彻少而精和理论联系实际的原则，具有如下特点：

　　(1)增加视频素材。全书范围内选择重要的知识点进行视频讲解，并以二维码的形式呈现在教材中，降低学生对相关内容的理解难度。

　　(2)瞄准领域前沿。针对近年来数字液压和智能液压的发展趋势，融入数字液压元件相关知识，并系统阐述智能故障诊断相关知识，拓展学生的专业视野。

　　(3)理论联系实际。增加液压试验系统章节，从理论向实际过渡，让学生熟悉液压系统维护和测试的相关基础技术。

　　参加本书编写的有张兵(第1章和第7章)、钱鹏飞(第2章)、朱勇(第6章)、高强(第3章)、季晨(第5章)、李富柱(第4章)。全书由张兵负责统稿。本书由江苏大学凌智勇教授主审。

　　本书的出版受到国家自然科学基金资助项目(No.51805215)和江苏大学教改项目(2021JGYB008)部分支持，以及江苏大学成教学院和江苏大学机械电子工程国家一流专业建设资助，特此感谢。由于时间仓促，书中疏漏之处在所难免，恳请同行批评指正。

编　者

于江苏大学

# 目录

# 第1章

# 绪论

任何一个工程系统都是由一些相互关联并具有一定功能的部件组成的有机整体,能够满足人们特定的使用要求。

自然界是由物质、能量和信息三大要素组成的,工程系统也不例外,其对输入系统的物质、能量和信息进行变换、传递等,以另一种形态或位置的物质输出,以达到系统的使用目的。各种动力机械(如电动机、内燃机等)对输入的能量进行变换,工程传动系统(如液压传动系统、气压传动系统、机械传动系统、电气传动系统等)对能量进行传递,执行机构输出新的不同形式的能量。

工程中使用的各种传动系统,如液压、气压、机械和电气传动系统等,均由相应的动力元件、传递控制元件及执行元件等构成,实现对能量的变换、传递与控制并输出的功能。

液压(气压)传动以液体(气体)作为工作介质对能量进行传递与控制,相对于机械传动来说是一门新技术。随着科学技术的不断发展,液压(气压)传动的应用越来越广泛。

## 1.1 液压传动系统的工作原理

液压(气压)传动将原动机的机械能转换为液体(气体)的压力能,通过各种控制阀及传送管道将具有压力能的液体(气体)输送到执行机构,最后由执行机构把液体(气体)的压力能转变为工作机构所需的机械运动和动力输出。

液压千斤顶是具有典型液压传动系统的装置,其工作原理如图 1-1 所示。当向上抬起或向下压杠杆时,小活塞将分别随之向上和向下运动。当小活塞向上运动时,其下腔容积增大形成局部真空,单向阀 2 关闭,大气压将油箱 4 中的油液经吸油管打开单向阀 3 压入小液压缸 1 的下腔。当小活塞向下运动时,其下腔容积减小挤压油液,关闭单向阀 3,打开单向阀 2,将油液压入大液压缸 6 的下腔,推动大活塞上移顶起重物。不断上下扳动杠杆使油液进入大液压缸下腔,重物被逐渐举升。如杠杆停止动作,大液压缸下腔的油液压力将使单向阀 2 关闭,大活塞连同重物一起被自锁在举升位置不动。打开截止阀 5,大液压缸下腔通油箱,大活塞将在自重作用下向下移,迅速回复到原始位置。

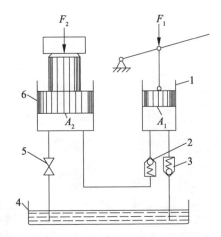

1—小液压缸;2—排油单向阀;3—吸油单向阀;4—油箱;5—截止阀;6—大液压缸

**图 1-1    液压千斤顶工作原理图**

若将千斤顶中通油箱的油管直接通大气,则变为气压千斤顶,但由于气体具有较大的可压缩性,需将手动泵按动多次使系统建立一定压力后才能举升重物。

由千斤顶的工作原理可知,小液压缸 1 与单向阀 2,3 配合将杠杆输入的机械能转换为流体的压力能输出,大液压缸 6 则将流体的压力能转换为机械能输出,抬起重物。在此管路、排油单向阀、吸油单向阀、截止阀和大、小液压缸组成了最简单的液压传动系统,实现了力和运动的传递。

(1) 力的传递

设由负载力 $F_2$ 在系统中所产生的流体压力为 $p_2 = F_2/A_2$。根据帕斯卡原理,泵的输出压力 $p_1$ 应等于缸中的流体压力,即 $p_1 = p_2 = p$。因此,作用力 $F_1$ 应为

$$F_1 = p_1 A_1 = p_2 A_1 = pA_1 \tag{1-1}$$

式中:$A_1$,$A_2$ 分别为小活塞和大活塞的面积。在 $A_1$,$A_2$ 一定时,负载力 $F_2$ 越大,压力 $p$ 就越大,所需的作用力 $F_1$ 也就越大,即系统压力与外负载密切相关。这是液压与气压传动工作的特征之一:液压(气压)传动中工作压力取决于外负载。

(2) 运动的传递

如果不考虑可压缩性、漏损和缸体、管路的变形,则泵排出的流体体积必然等于进入缸的流体体积。设泵活塞的位移为 $s_1$,缸活塞的位移为 $s_2$,则有

$$s_1 A_1 = s_2 A_2 \tag{1-2}$$

式(1-2)两边同除以运动时间 $t$,得

$$q_1 = v_1 A_1 = v_2 A_2 = q_2 \tag{1-3}$$

式中:$v_1$,$v_2$ 分别为泵活塞和缸活塞的平均运动速度;$q_1$,$q_2$ 分别为液压泵输出和液压缸输入的平均流量。若连续改变泵的流量 $q_1$,即可获得连续变化的缸的速度 $v_2$。因此,流

体传动能够实现无级调速。

可见,液压与气压传动是根据密闭工作容积变化相等的原则实现运动(速度和位移)传递的。调节进入液压缸的流量 $q$,即可调节活塞的运动速度 $v$,这是液压传动工作的另一个特征:活塞运动速度取决于输入流量的大小,而与外负载无关。

在液压(气压)传动系统中,与外负载力相对应的流体参数是流体压力,与运动速度相对应的流体参数是流体流量,压力和流量是液压(气压)传动中两个最基本的参数。若不考虑流体的可压缩性、漏损和系统的变形,压力和流量是相互独立的。

## 1.2　液压传动系统的组成

液压与气压传动系统主要由以下部分组成:

① 动力装置——机器设备的动力源,属能量转换装置,它将输入的机械能转换为油液(气体)的压力能。动力装置的形式:液压传动为液压泵,气压传动为空压机。

② 工作装置——直接完成工作任务的部分,属能量转换装置,它将流体所具有的压力能转换为机械能对外做功。液压与气压传动的工作装置主要是各种缸和马达,其对外输出直线运动、摆动、转动等。

③ 调节控制装置——对动力装置提供的运动和动力进行调节和控制,并传送到工作装置,是动力装置和工作装置之间的重要连接部分。对于液压和气压系统,调节控制装置主要对流体的压力、流量及流动方向进行调节控制。

调节控制装置在一台机械设备中是非常重要的,它不仅可将动力装置提供的动力传递给工作装置,还可改变输出的运动形式(由旋转变为移动,由连续运动变为间歇运动)、运动速度和运动方向,以及分配动力和运动(由一个动力源带动几个工作装置)。

④ 辅助装置——在液压与气压传动系统中,除了上述主要装置外,还有一些其他元件,如液压传动的油箱、滤油器、油管等。这些元件在系统中对保证系统正常工作起着重要作用。

在设计一个液压(气压)传动系统时,需要绘制系统的工作原理图,该图可反映出系统的结构、组成元件及各元件间的连接等。在绘制系统的工作原理图时,组成元件的符号应采用国家有关标准规定的符号,这样不仅使所绘制的原理图简单明了,而且便于绘制与识读。各种元件的符号可参考有关手册、标准。

## 1.3　液压传动系统的特点及应用

液压传动系统以液体作为工作介质,以液体的压力能进行能量传递,与机械传动和电气传动系统相比,具有体积小、质量轻、功率密度大的显著特点,并可在大范围内实现无级调速,对系统中的参数(液体的压力、流量、流动方向等)可方便地进行控制且易于实现自动化,在系统过载时极易实现过载保护。但在液压传动过程中需进行两次能量转换,使其传动效率偏低,而且由于泄漏、可压缩性等因素的影响,系统不能严格保证准确的传动比。

此外,为确保系统工作可靠,对液压元件的制造精度要求较高,系统一旦发生故障较难诊断。

液压与气压传动系统相对其他传动系统来说是一门新兴技术,目前已得到广泛应用,如在国防、航空航天、机床、工程机械、冶金机械、塑料机械、农林机械、汽车、船舶等工业中。现今,采用液压传动的程度已成为衡量一个国家工业水平的重要标志,在发达国家,90%的数控加工中心、95%的工程机械、95%以上的自动线都采用液压传动技术。

随着机械自动化程度的不断提高,液压、气动元件的应用数量急剧增加,元件小型化、系统集成化是发展的必然趋势,液压技术与传感技术、微电子技术的密切结合促使了许多机电一体化元器件(如电液比例控制阀、数字阀等)的出现,使液压传动技术在高压、高速、大功率、节能高效、低噪声、使用寿命长、高度集成化等方面取得了重大进展。气动技术的发展同样包含传动、控制与检测在内的自动化技术,其元件的微型化、节能化、无油化是当前发展的特点,与电子技术相结合产生的自适应元件,使气动系统从开关控制进入反馈控制。计算机的广泛普及及应用,使得元件与系统的计算机辅助设计(CAD)、计算机辅助制造(CAM)、计算机辅助试验(CAT)和计算机实时控制成为当前的发展方向。

## 1.4　液压控制技术

液压控制是液压技术领域的重要分支,近几十年来,许多工业部门和技术领域对高响应、高精度、高功率-质量比和大功率的液压控制系统的需求不断扩大,促使液压控制技术迅速发展。特别是反馈控制技术在液压装置中的应用、电子技术与液压技术的结合,形成机-电-液一体化,使这门技术在控制元件和系统控制方面、理论研究与推广应用方面都日趋完善和成熟,并形成一门学科,成为液压技术的重要发展方向之一。目前,液压控制技术已经在许多领域得到广泛应用,如冶金、机械等工业领域,飞机、船舶等交通领域,航天、航空、航海等高新技术领域,以及近代科学实验、模拟仿真等。我国于20世纪50年代开始液压控制元件和系统控制方面的研究工作,现已生产出多种系列的电液伺服阀产品,液压控制系统也在越来越多的领域得到成功应用。随着国民经济的发展,液压控制技术会在更多的领域得到更大的发展。

图1-2为仿形刀架机液伺服控制系统示意图。仿形刀架机液伺服控制系统由滑阀、液压缸及反馈机构构成。

仿形刀架的装配结构是,液压缸活塞杠固定安装,缸体移动,阀套与缸体刚性连接。触头与模板接触,触头处输入为$x_i$,杠杆带动阀芯位移为$x_v$。阀芯与阀套之间的相对位移形成控制节流口的开度,控制进出液压缸的压力油的流量与流动方向。缸体带动刀架运动,与此同时,使控制节流口逐渐变小,直到恢复阀套与阀芯的相对原始位置。控制刀架完全跟踪触头运动。根据该原理可知,车刀上的力要远大于触头的输出力,由于液压能源的存在,仿形刀架实际上是一个力放大器。由此可知,仿形刀架是一个机液伺服控制系统,它的输入量是触头的位移$x_i$,液压缸体的位移$y$是系统的输出量,即被控制量,伺服阀是比较放大元件,系统的偏差为伺服阀芯的位移 $x_v$,液压缸是执行元件,杠杆是反馈检测元件,该系统的控制职能结构图如图 1-3 所示。

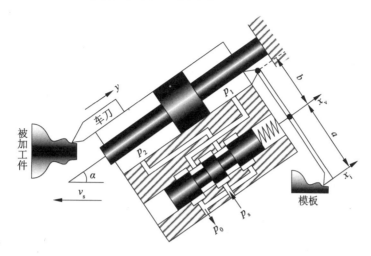

图 1-2　仿形刀架机液伺服控制系统示意图

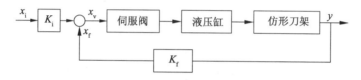

图 1-3　仿形刀架机液伺服控制系统职能结构图

运动方向:改变输入信号 $x_i$ 的方向,则改变输出信号 $y$ 的方向。

位移的大小:改变输入信号 $x_i$ 的大小,则改变输出信号 $y$ 的大小。

特点:对温度、泄漏、负载等的变化,均有自动补偿、调节的作用,它是一个负反馈控制系统。

## 1.5　液压控制系统的组成

液压控制系统主要由以下 7 个部分组成:① 指令元件;② 反馈元件;③ 比较元件;④ 放大元件;⑤ 执行元件;⑥ 被控对象;⑦ 校正装置。它们之间的连接关系如图 1-4 所示。

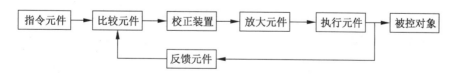

图 1-4　液压控制系统职能结构图

## 1.6 液压控制系统的分类

（1）按偏差信号的产生与传递介质分

① 机械-液压控制系统（简称"机液控制系统"）。

② 电气-液压控制系统（简称"电液控制系统"）。

③ 气动-液压控制系统（简称"气液控制系统"）。

（2）按液压控制元件分

① 阀控系统。

② 泵控系统。

（3）按被控物理量分

① 位置控制系统。

② 速度控制系统。

③ 力控制系统。

④ 压力控制系统。

⑤ 其他物理量（如温度、加速度等）控制系统。

（4）按输入信号分

① 伺服控制系统：输入信号不断变化，输出信号以一定准确度随输入信号变化的控制系统。

② 恒值控制系统：输入信号为常值或随时间缓慢变化，系统能克服外界干扰的影响，以一定准确度将输出值维持在期望的数值上的控制系统。

## 1.7 液压控制系统的特点

（1）优点

① 功率-质量比大，扭矩-惯量比大（力-质量）。

液压执行元件可通过提高系统压力来提高系统输出功率，而且液压油可将系统热量带走，起到冷却的作用。

② 液压执行机构响应速度快，系统频带宽，因为液压固有频率高。

③ 抗干扰能力强，液压系统刚度大，在外界干扰影响下，其变化小。

④ 润滑性好，散热性好。

（2）缺点

① 要求液压元件的加工精度高，导致制造成本高。

② 要求密封性好，否则会引起系统泄漏。

③ 液压油易被污染，要求过滤精度高。

④ 液压能源的获得与输送不像电能那样方便。

## 习 题

1.1　液体传动有哪两种形式？它们的主要区别是什么？

1.2　液压传动系统由哪几部分组成？各组成部分的作用是什么？

1.3　液压传动的主要优缺点是什么？

1.4　液压控制系统由哪几部分组成？

1.5　比较液压传动系统与液压控制系统的优缺点。

1.6　液压控制系统有哪几类？从现实生活中举例说明。

1.7　液压传动中液压缸速度的决定性因素是什么？

1.8　液压传动系统中压力的决定性因素是什么？

第2章

# 流体力学基础

## 2.1　流体的物理性质

### 2.1.1　流体的基本概念

液压与气压传动所采用的工作介质分别是液体和气体，统称为流体。

从微观上看，流体由不断不规则运动着的分子组成，分子间具有一定的空隙（气体的较大，液体的较小），导致空间点上的运动、状态参数（速度、压力、密度等）不确定，使问题的处理非常困难。但从宏观上看，分子群的运动始终处于平衡状态。由于所研究的是流体分子表现出来的平均性质，故将宏观的质点作为流体的基本单位，一个质点包含一群分子，质点的运动参数为该群分子运动参数的统计平均值，并且认为质点之间没有间隙。因此，力学上把流体看成是由无数极其微小的质点所构成的易于流动的连续介质。

一定质量液体的形状随容器形状的变化而变化，但其体积保持不变。而一定质量气体的体积则随容器形状的变化而变化，它始终充满容纳它的容器。

压力变化对液体体积的影响很小，以至在大多数工程应用场合可以忽略。压力变化对气体体积的影响则很大：压力增大，则气体体积减小；压力减小，则气体体积增大。

### 2.1.2　密度与重度

（1）密度

流体内某点处的微小质量 $\Delta m$ 与其体积 $\Delta V$ 之比，当体积 $\Delta V$ 趋于零时的极限称为流体在该点的密度，用 $\rho$ 表示，即

$$\rho = \lim_{\Delta V \to 0} \frac{\Delta m}{\Delta V} = \frac{\mathrm{d}m}{\mathrm{d}V} \tag{2-1}$$

对于均质流体，其密度为

$$\rho = \frac{m}{V} \tag{2-2}$$

流体的密度随压力或温度的变化而变化。工程计算中,可忽略液体密度的变化,而气体密度的变化不能忽略。

(2) 重度

流体内某点处的微小重量(重力)$\Delta W$ 与其体积 $\Delta V$ 之比,当体积 $\Delta V$ 趋于零时的极限称为流体在该点的重度,用 $\gamma$ 表示,即

$$\gamma = \lim_{\Delta V \to 0} \frac{\Delta W}{\Delta V} = \frac{dW}{dV} \tag{2-3}$$

对于均质流体,其重度为

$$\gamma = \frac{W}{V} \tag{2-4}$$

重度与密度之间具有如下关系:

$$\gamma = \frac{W}{V} = \frac{mg}{V} = \rho g$$

### 2.1.3　可压缩性和热膨胀性

(1) 可压缩性

流体的体积随所受压力的变化而变化的性质称为可压缩性。压力对液体体积的影响非常小,而对气体体积的影响则非常显著。

可压缩性表示当流体所受的压力发生单位变化时流体体积的相对变化量,用压缩系数 $k$ 来衡量,即

$$k = -\frac{dV}{V}\frac{1}{dp} \tag{2-5}$$

式中:$dp$ 为流体压力的微分;$dV$ 为流体体积的微分;$V$ 为压力变化前的流体体积。由于压力增大,流体的体积减小,两者变化方向相反,为使 $k$ 为正值,在式(2-5)中加入一负号。

压缩系数 $k$ 的倒数,称为流体的体积弹性模量,用 $\beta$ 表示,即

$$\beta = \frac{1}{k} = -V\frac{dp}{dV} \tag{2-6}$$

对于液体,在压力和温度变化不大时常认为 $\beta$ 为常数。在液压传动的稳态工况下,一般认为液体是不可压缩的;但在高压下及研究系统的动态性能时,则必须考虑液体的可压缩性。

对于常用的纯液压油,$\beta$ 的平均值在$(1.4 \sim 2.0) \times 10^3$ MPa 范围内。但如果液体中混有空气,则其体积弹性模量的有效值(用 $\beta_e$ 表示)将显著降低,在仿真建模时可以采用690 MPa。

气体的可压缩性远大于液体,不能忽略,而且气体体积的变化应服从气体状态方程。在工程技术中,常常遇到的是等温变化过程和等熵变化过程。

（2）热膨胀性

流体的体积随温度的变化而变化的性质称为热膨胀性，用热膨胀系数 $\alpha$ 表示，即

$$\alpha = \frac{1}{V}\left(\frac{\partial V}{\partial T}\right)_p \tag{2-7}$$

式(2-7)表示流体在某恒定压力下，温度变化 1 K 或 1 ℃时所引起的体积的相对变化量。

对于液压油，从工程实用的观点来看，可认为 $\alpha$ 仅取决于油液本身的性质而与压力和温度无关，其数值可参考表 2-1。

**表 2-1　15 ℃ 时不同密度油液的 $\alpha$ 值**

| $\rho_{15\,℃}/(10^3 \text{ kg} \cdot \text{m}^{-3})$ | 0.70 | 0.80 | 0.85 | 0.90 | 0.92 |
|---|---|---|---|---|---|
| $\alpha$ | $8.2\times10^{-4}$ | $7.7\times10^{-4}$ | $7.2\times10^{-4}$ | $6.4\times10^{-4}$ | $6.0\times10^{-4}$ |

对于气体，其热膨胀系数 $\alpha$ 较大，根据气体状态方程 $pV=RT$ 可得 $\left(\frac{\partial V}{\partial T}\right)_p = \frac{R}{p}$，则有

$$\alpha = \frac{1}{V}\left(\frac{\partial V}{\partial T}\right)_p = \frac{R}{pV} = \frac{R}{RT} = \frac{1}{T} \tag{2-8}$$

式中：$T$ 为气体的热力学温度，K。

### 2.1.4　黏性与黏度

（1）黏性

外力作用使流体质点之间产生相对运动而流动时，质点间的内聚力将产生阻碍这种运动的内摩擦力，这种性质叫作流体的黏性。流体只有在流动时才呈现黏性，静止流体不呈现黏性。所以，静止的流体稍受外力作用就会开始流动，因此流体具有极大的易流动性。

流体的黏性可用图 2-1 的例子加以说明。设有两个面积足够大的平行平板，两平板中间充满均质流体，下平板固定不动，上平板以速度 $u_0$ 向右运动。由于流体与固体壁面之间存在着附着力且流体具有黏性，所以两平板间流体的流速从上到下由 $u_0$ 到 0 按线性分布，可看成许多运动速度不同的无限薄的流体层在运动，相邻两流体层间存在一定的内摩擦力。根据实验测定，该内摩擦力 $F$ 与流体层的接触面积 $A$、流体层间的相对流速 $\mathrm{d}u$ 成正比，与流体层间的距离 $\mathrm{d}y$ 成反比，即

$$F = \mu A \frac{\mathrm{d}u}{\mathrm{d}y} \text{ 或 } \tau = \mu \frac{\mathrm{d}u}{\mathrm{d}y} \tag{2-9}$$

式中：$\tau$ 为切应力；$\mu$ 为动力黏性系数或动力黏度；$\frac{\mathrm{d}u}{\mathrm{d}y}$ 为流速梯度。

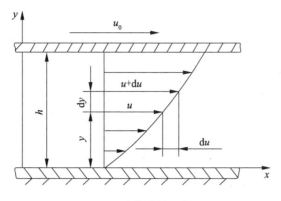

图 2-1　流体黏性示意图

当流速梯度变化时，$\mu$ 为常数的流体称为牛顿流体，$\mu$ 为变数的流体称为非牛顿流体。除高黏性或含有大量特种添加剂的液体外，一般的液压用流体均可看作牛顿流体。

（2）黏度

1）动力黏度（绝对黏度）$\mu$

之所以称为动力黏度，是因为它的量纲中具有动力学的要素力，它直接表示流体的黏性即内摩擦力的大小，其单位为 Pa·s。

2）运动黏度 $\nu$

运动黏度为动力黏度 $\mu$ 与密度 $\rho$ 的比值，即

$$\nu = \frac{\mu}{\rho} \tag{2-10}$$

运动黏度 $\nu$ 没有具体的物理意义，由于在理论分析和计算中常常遇到动力黏度 $\mu$ 与密度 $\rho$ 的比值，因而为方便起见才采用之。运动黏度的单位是 $m^2/s$，实际测定中常用 $mm^2/s$，由于其中只有运动学的要素长度和时间的量纲，所以称为运动黏度。

我国目前采用运动黏度来表示油液的牌号，例如 N32 号液压油，即指该油在 40 ℃时的运动黏度的平均值为 32 $mm^2/s$。

3）相对黏度 °$E$

相对黏度是根据特定的测量条件制定的，故又称为条件黏度，我国采用的是恩氏黏度。恩氏黏度适用于液体，它是被测液体与水的黏度的相对比值。

恩氏黏度用恩氏黏度计测定，即将 200 mL 温度为 $t$（℃）的被测液体装入黏度计的容器内，由其底部 $\phi$2.8 mm 的小孔流出，测出液体流尽所需的时间 $t_1$，再测出相同体积的温度为 20 ℃的蒸馏水在同一容器中流尽所需的时间 $t_2$，这两个时间之比即为被测液体在温度 $t$（℃）下的恩氏黏度，即

$$°E_t = \frac{t_1}{t_2} \tag{2-11}$$

一般以 20 ℃，40 ℃，50 ℃及 100 ℃作为测定液体黏度的标准温度。

恩氏黏度与运动黏度间的换算关系为

$$\nu = \left(7.31\,^{\circ}E - \frac{6.31}{\,^{\circ}E}\right) \times 10^{-6} \ \text{m}^2/\text{s} \tag{2-12}$$

流体的黏度对流动的影响很大。黏度小,摩擦阻力小,流动性好;黏度大,摩擦阻力大,流动性差,能量损失也大。

注意:黏性是流体流动时所具有的一种物理性质,而黏度则是度量黏性大小的物理量。

(3) 温度对黏度的影响

温度对流体黏度的影响十分明显。流体的黏度随温度变化的特性称为黏温特性。气体的黏度随温度的升高而增大,液体的黏度则随温度的升高而减小,如图 2-2 所示。

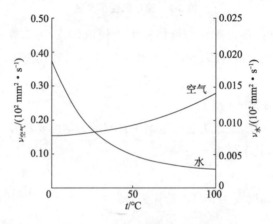

图 2-2　水和空气的黏温曲线

流体的动力黏度 $\mu$ 随温度 $t$(℃)的变化情况,可按下列经验公式计算:

液压油

$$\mu_t = \mu_0 e^{-\lambda(t-t_0)} \tag{2-13}$$

空气

$$\mu_{空气} = 1.72 \times 10^{-5}(1 + 0.002\,8t - 1.5 \times 10^{-5}t^2) \tag{2-14}$$

式中:$\mu_t$ 为温度 $t$(℃)时的动力黏度,Pa·s;$\mu_0$ 为温度 $t_0$(℃)时的动力黏度,Pa·s;$\lambda$ 为油液的黏温系数,对于石油基液压油,$\lambda = (1.8 \sim 3.6) \times 10^{-2}/$℃。

(4) 压力对黏度的影响

压力变化对气体黏度的影响不大。对于液体,当压力增大时,其黏度随之增大,但在低压范围内,这种影响较小,在高压(>50 MPa)时则影响显著。压力对黏度的影响可用式(2-15)计算:

$$\mu = \mu_0(1 + \xi p) \tag{2-15}$$

式中:$\mu$ 为某种液压油在压力 $p$ 时的动力黏度;$\mu_0$ 为绝对压力为 $1 \times 10^5$ Pa 时的动力黏度;$p$ 为表压力;$\xi$ 为与油液物理性能有关的系数,可取 $\xi = (2 \sim 3) \times 10^{-8}/$Pa。

(5) 气泡对黏度的影响

当液体中混入直径为 $0.25 \sim 0.50$ mm 悬浮状态的气泡时,对液体的黏度有一定的影

响,其值可按式(2-16)计算:

$$\nu_b = \nu_0(1+0.015b) \tag{2-16}$$

式中:$b$ 为混入空气的体积百分比;$\nu_b$,$\nu_0$ 分别为混入 $b\%$ 空气和不含空气时液体的运动黏度。

### 2.1.5　液压油的选用

选择液压油时,应考虑液压系统的工作环境和条件,其中主要考虑液压油的黏度。黏度选择得是否合适,将对液压系统的稳定性、可靠性、效率、温升、磨损等产生显著的影响。在选择液压油的黏度时,主要考虑如下因素:

① 对于高压系统,为了减少泄漏,宜选用黏度较大的液压油;反之,可选用黏度较小的液压油。

② 当温度较高时,宜选用黏度较大的液压油。

③ 对于工作部件运动速度较高的系统,宜选用黏度较小的液压油,以减小液流的摩擦损失。

在液压系统中,液压泵对液压油的性能最敏感,其工作压力大、承压时间长、转速高、温度高,因此,常根据液压泵的类型及要求来选择液压油,如表 2-2 所示。

表 2-2　液压泵适用油液的黏度范围

| 名称 | 黏度范围/$(\mathrm{mm^2 \cdot s^{-1}})$ | |
|---|---|---|
| | 允许 | 最佳 |
| 叶片泵(1 200 r/min) | 16～220 | 26～54 |
| 叶片泵(1 800 r/min) | 20～220 | 26～54 |
| 齿轮泵 | 4～220 | 25～54 |
| 径向柱塞泵 | 10～65 | 16～48 |
| 轴向柱塞泵 | 4～76 | 16～47 |
| 螺杆泵 | 19～49 | — |

## 2.2　空气及气体的状态方程

### 2.2.1　空气及其性质

(1) 空气

自然界中的空气主要由氮气和氧气及少量的其他气体(如氩气、二氧化碳、氦气、氢气等)混合而成。常温空气还含有一定量的水蒸气,这部分水蒸气作为湿度来处理,含有水蒸气的空气叫湿空气,不含水蒸气的空气叫干空气。

(2) 湿空气

空气中含有的水蒸气会使气动元件腐蚀生锈,在一定的压力和温度条件下,水蒸气还会凝成水滴,堵塞小孔及细管。因此,空气中的水蒸气对气动控制系统的稳定性和寿命有很大的影响。所以,为保证气动系统正常工作,常采取一些措施防止水蒸气被带入系统。

空气中水蒸气的含量与压力和温度有关。在一定压力和温度条件下,空气中含有的水蒸气达到最大限度时称为饱和湿空气;反之称为未饱和湿空气。湿空气中水蒸气的分压力称为水蒸气分压。一般湿空气都处于未饱和状态。

$1 \text{ m}^3$ 湿空气中所含水蒸气的质量称为湿空气的绝对湿度,用 $\chi(\text{kg/m}^3)$ 表示,即

$$\chi = \frac{m_s}{V} \tag{2-17}$$

$1 \text{ m}^3$ 饱和湿空气中所含水蒸气的质量称为饱和湿空气的绝对湿度,用 $\chi_b(\text{kg/m}^3)$ 表示,即

$$\chi_b = \frac{m_b}{V} \tag{2-18}$$

式中:$m_s$,$m_b$ 分别为非饱和与饱和湿空气中水蒸气的质量,kg;$V$ 为湿空气的体积,$\text{m}^3$。

在同一压力和温度下,湿空气的绝对湿度 $\chi$ 与饱和湿空气的绝对湿度(简称"饱和绝对湿度")$\chi_b$ 之比,称为该温度下的相对湿度,用 $\varphi$ 表示,即

$$\varphi = \frac{\chi}{\chi_b} \times 100\% \tag{2-19}$$

一般情况下,$\varphi$ 在 $0 \sim 100\%$ 之间变化。气动系统中工作介质的相对湿度不得大于 $90\%$。

温度为 20 ℃、相对湿度为 65%、压力为 0.1 MPa 时的空气状态称为空气的标准状态(ANR)。在标准状态下,空气的密度 $\rho = 1.185 \text{ kg/m}^3$。

空气的湿度与压力和温度有关,一定体积的压缩空气与同体积具有大气压力的空气具有相同的吸收水分的能力。

当温度升高时,空气中水蒸气的含量将增加;随着温度的降低,水蒸气的含量将减少。因此,气动系统中安装在压缩机与贮气罐之间的后冷却器,可以冷却压缩过程完成后的压缩空气,使大部分水蒸气冷凝析出,从而减少进入气动设备的压缩空气中水蒸气的含量。

(3) 自由空气流量及析水量

气动系统中经空气压缩机压缩后的空气称为压缩空气,未经压缩的空气称为自由空气。

空气压缩机铭牌上标明的流量是指自由空气的流量,它与压缩空气的流量之间的关系为

$$q_z = q_s \frac{(p + 0.101\ 3)}{0.101\ 3} \cdot \frac{T_0}{T_s} \tag{2-20}$$

式中:$q_z$,$q_s$ 分别为自由空气和压缩空气的体积流量,$\text{m}^3/\text{min}$;$p$ 为压缩空气的表压力,MPa;$T_0$,$T_s$ 分别为气源吸入端和供气端的热力学温度,K。

湿空气被压缩后,单位体积中水蒸气的含量将增加,湿度将上升。当压缩空气冷却时,其相对湿度增大,当温度降到露点后便有水滴析出。压缩空气中析出的水量可由式

(2-21)计算：

$$q_{ms} = 60q_z \left[ \varphi \chi_{1b} - \frac{(p_1 - \varphi p_{b1}) T_2}{(p_2 - p_{b2}) T_1} \chi_{2b} \right] \tag{2-21}$$

式中：$q_{ms}$ 为每小时的析水量，kg/h；$\varphi$ 为空气压缩前的相对湿度；$\chi_{1b}$，$\chi_{2b}$ 分别为温度为 $T_1$ 和 $T_2$ 时的饱和绝对湿度，kg/m³；$T_1$，$T_2$ 分别为压缩前和压缩并冷却后空气的温度，K；$p_1$，$p_2$ 分别为压缩前和压缩并冷却后空气的绝对压力，MPa；$p_{b1}$，$p_{b2}$ 分别为温度为 $T_1$ 和 $T_2$ 时饱和湿空气中水蒸气的绝对分压力，MPa。

可见，空气在压缩时，湿度大、温度高的空气常常导致更多的水蒸气冷凝析出。

### 2.2.2　气体的状态方程

（1）理想气体的状态方程

对于一定质量的理想气体，在状态变化的某一稳定瞬时，其状态方程为

$$\frac{pV}{T} = \text{const} \tag{2-22}$$

或

$$pv = RT \tag{2-23}$$

$$\frac{p}{\rho} = RT \tag{2-24}$$

式中：$p$ 为气体的绝对压力，Pa；$V$ 为气体的体积，m³；$T$ 为气体的热力学温度，K；$v$ 为气体的单位质量体积，m³/kg；$\rho$ 为气体的密度，kg/m³；$R$ 为气体常数，J/(kg·K)，对于干空气有 $R_g = 287.1$ J/(kg·K)，对于湿空气有 $R_s = 462.05$ J/(kg·K)。

在压力不过高(不超过 20 MPa)和温度不太低(不低于 253 K)时，实际气体都遵守上述理想气体状态方程，在一般气动系统中，完全可看成理想气体。

**例 2-1**　空气压缩机将一个大气压的空气压缩到原体积的 1/7。假设该过程是等温变化过程，则压力表上压缩后空气的压力是多少？

**解**　由于空气可看成理想气体，则其状态方程为

$$p_1 v_1 = p_2 v_2$$

即

$$p_2 = p_1 \frac{v_1}{v_2}$$

已知 $\dfrac{v_2}{v_1} = \dfrac{1}{7}$，$p_1 = p_{at} = 0.1$ MPa，则

$$p_2 = p_1 \frac{v_1}{v_2} = 0.1 \times 7 = 0.7 \text{ MPa（绝对压力）}$$

$$p_2\text{（表压力）} = p_2\text{（绝对压力）} - p_{at}\text{（大气压）} = 0.7 - 0.1 = 0.6 \text{ MPa}$$

所以，要制备表压力为 0.6 MPa 的压缩空气，压缩机的压缩比必须为 1∶7（此处假设大气压为 0.1 MPa）。

（2）气体状态的变化过程

状态参数 $p,v,T$ 的变化决定了气体的不同状态。气体的状态变化过程有等压变化过程、等容变化过程、等温变化过程、等熵变化过程和多变过程。

在气动系统中，当气体状态变化过程较慢时，可近似认为是等温变化过程；而当气体状态变化过程较快时，可近似认为是等熵变化过程。

1）等温变化过程

温度 $T$ 保持不变，气体由状态 1 变化到状态 2 的过程称为等温变化过程。等温变化过程的状态方程为

$$p_1 v_1 = p_2 v_2 = \text{const} \tag{2-25}$$

在等温变化过程中，气体的热力学能不发生变化，加入气体的热量全部变作膨胀功。在等温变化过程中，单位质量气体所做的功为

$$W = \int_{v_1}^{v_2} p \, dv = RT \int_{v_1}^{v_2} \frac{dv}{v} = RT \ln \frac{v_2}{v_1} = RT \ln \frac{p_1}{p_2} \tag{2-26}$$

2）等熵变化过程

气体与外界无热量交换条件下的状态变化过程称为等熵变化过程。在等熵变化过程中，气体靠消耗自身的能量对外做功。气动系统多为快速动作，其气体状态变化过程可看成等熵变化过程。等熵变化过程的状态方程为

$$p v^k = p/\rho^k = \text{const} \tag{2-27}$$

式中：$k$ 为等熵指数，空气的等熵指数为 1.4。

在等熵变化过程中气体所做的功为

$$W = \frac{R}{k-1}(T_1 - T_2) \tag{2-28}$$

将等熵变化过程中的指数 $k$ 改为多变指数 $n$，则等熵变化过程的所有公式就变为多变过程的相应公式了，一般取 $k > n > 1$。

## 2.3 流体静力学基础

内部质点之间没有相对运动的流体称为静止流体，流体静力学主要研究静止流体所具有的力学规律及其应用。

### 2.3.1 流体静压力及特性

作用于流体上的力有质量力和表面力两种。质量力作用于流体的每一个质点上，如重力、惯性力等。表面力作用于流体示力单元的分界面上。对于静止流体，其质点间不存在切向力，而且流体只能受压而不能受拉，所以作用于流体上的表面力只有压力。

流体静压力具有两个重要的特性：

① 压力的方向沿承压面的内法线方向。

② 流体内任一点上各方向的压力都相等。

单位面积上的静压力,在物理上称为压强,在工程中常称为压力。

### 2.3.2 流体静力学基本方程

如图 2-3 所示重力作用下的静止液体,除受重力外,还有液面上的压力和容器壁面作用于液体上的压力。在液体内取高度为 $h$、截面积为 $\Delta A$ 的液柱,如图 2-3b 所示。

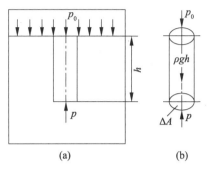

流体静力学

**图 2-3 重力作用下的静止液体**

该液柱在重力及周围液体压力的作用下处于平衡状态,其垂直方向上的力平衡方程为

$$p \Delta A = p_0 \Delta A + \rho g h \Delta A$$

式中:$p$ 为液体内深度为 $h$ 处的压力;$\rho g h \Delta A$ 为液柱的重力。

上式化简后得

$$p = p_0 + \rho g h \tag{2-29}$$

式(2-29)即为液体静力学基本方程,该方程说明:

① 静止液体内任一点的压力为液面上的压力与该点以上液体自重所形成的压力之和。

② 静止液体内的压力随液体深度的增加按线性规律递增。

③ 同一液体中,距液面深度相等的各点的压力相等。由压力相等的点组成的面称为等压面,在重力作用下静止液体中的等压面为水平面。

由于空气的密度极小,所以静止空气的重力作用非常微小,常忽略。

### 2.3.3 帕斯卡原理

帕斯卡原理(静压传递原理):施加于静止液体任一表面上的压力将同时等值地传递到液体内部各点。帕斯卡原理是流体传动的一个基本原理。

在流体传动系统中,由流体自重产生的压力非常小而常被忽略。

**例 2-2** 液压千斤顶如图 2-4 所示,柱塞 2 的直径为 $\phi$ 34 mm,活塞 1 的直径为 $\phi$ 13 mm,杠杆长度如图所示,问:杠杆端点应施加多大的力才能将 $W = 5 \times 10^4$ N 的重物顶起?

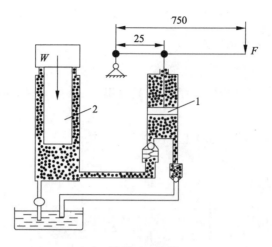

1—活塞;2—柱塞

**图 2-4　液压千斤顶的工作原理**

**解**　由重物引起的油液压力为

$$p=\frac{W}{A_2}=\frac{50\ 000}{\frac{\pi}{4}\times(34\times10^{-3})^2}=55.07\ \text{MPa}$$

则在活塞 1 上产生的作用力为

$$P=p\cdot A_1=55.07\times10^6\times\frac{\pi}{4}\times(13\times10^{-3})^2=7\ 309.57\ \text{N}$$

根据杠杆原理有

$$25\times P=750\times F$$

则

$$F=\frac{25}{750}P=\frac{25}{750}\times7\ 309.57=243.65\ \text{N}$$

即在杠杆端点上仅需 243.65 N 的力即可顶起 $5\times10^4$ N 的重物。

### 2.3.4　压力的表示方法及单位

压力分绝对压力(ABS)和相对压力两种。绝对压力以绝对零压为基准,相对压力以大气压为基准。绝对压力与相对压力的关系为

绝对压力=相对压力+大气压

当绝对压力低于大气压时,将其小于大气压的那部分压力值称为真空度,即

真空度=大气压-绝对压力

绝对压力、相对压力与真空度之间的关系如图 2-5 所示。由图可见,绝对压力始终为正,相对压力则可正可负,真空度是负压的数值。

压力的单位有 $Pa(N/m^2)$、kPa、MPa 等,1 MPa=$10^3$ kPa=$10^6$ Pa。

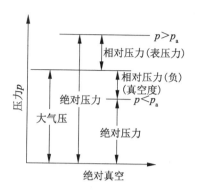

图 2-5　压力的表示

### 2.3.5　流体静压力作用于固体壁面的力

静止流体作用于固体壁面的静压力垂直于固体壁面。若忽略流体自重产生的压力，则静止流体作用于固体壁面的静压力均匀相等。

若固体壁面为平面，则流体静压力作用于该固体壁面的总作用力 $F$ 为压力 $p$ 与承压面积 $A$ 的乘积，即 $F = pA$，作用力方向垂直指向该面。

若固体壁面为曲面，由于压力处处相等且垂直于承压面，所以作用于该曲面上各点的压力是不平行的，此时通常仅需求静压力作用于该曲面某一方向上的分力，该分力等于压力 $p$ 与曲面在所求方向上的投影面积的乘积。

## 2.4　流体运动学和流体动力学基础

### 2.4.1　基本概念

流体不仅无固定形状而且可承受无限制的变形，在变形过程中其质点间具有相对位移，这种运动状态称为流动。流动流体内部各点的速度、压力及密度是空间坐标和时间的函数。

（1）恒定流动、理想流体

流体流动时，流体内部各点的速度、压力和密度不随时间变化的流动称为恒定流动；反之，只要其中有一个参数随时间变化，则称为非恒定流动。在研究系统静态特性时，可认为流体做恒定流动。

由于流体的黏性对流动的影响非常复杂，所以一般先假设流体没有黏性，然后再考虑黏性的影响并通过实验验证，对理想结论进行修正。这种没有黏性的流体称为理想流体。采用同样的方法处理液体的可压缩性问题。一般把既无黏性又不可压缩的液体称为理想液体。

（2）迹线、流线、流束

某一流体质点在空间的位移轨迹称为迹线。

某瞬时在流动流体内作一条空间几何曲线，该曲线上各流体质点的流速方向与其相切,该曲线就叫作流线,如图 2-6 所示。非恒定流动流线的形状随时间变化;恒定流动流线的形状不随时间变化,且流线与迹线重合。流线是一条光滑的曲线,它们不能相交,不能分支,但可以相切。

在流动流体内通过任一面积 $A$ 上每一点所作流线的集合称为流束,如图 2-7 所示。由于流速方向与流线相切,所以流束类似于管道,流体质点不能穿过流束表面。当面积 $A$ 取无限小时,该流束称为微小流束。

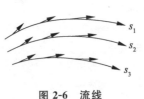 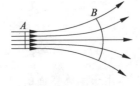 

图 2-6　流线　　　　　图 2-7　流束和过流断面　　　流体动力学

（3）过流断面、流量、平均流速

过流断面是在流动流体中所作的垂直于流线的截面,如图 2-7 中的截面 $A$ 和截面 $B$。过流断面上每一点的流速方向都垂直于该面。由于流线不一定平行,所以过流断面可能是平面,也可能是曲面。

体积流量 $q$ 是单位时间内流过某过流断面的流体体积。

对于微小流束,其过流断面 $\mathrm{d}A$ 很小,可认为该断面上的流速 $u$ 是均匀的,则其流量为

$$\mathrm{d}q = u\mathrm{d}A$$

若流束的过流断面面积为 $A$,则流过断面 $A$ 的流量为

$$q = \int_A u\mathrm{d}A$$

平均流速 $v$ 是过流断面上各点相等的流速,流体以此流速流过该断面的流量与实际流量相等,即

$$\begin{cases} q = \displaystyle\int_A u\mathrm{d}A = vA \\ v = \dfrac{q}{A} \end{cases} \tag{2-30}$$

质量流量 $q_\mathrm{m}$ 是单位时间内流过某过流断面的流体质量,$\mathrm{d}q_\mathrm{m} = \rho u\mathrm{d}A$,$q_\mathrm{m} = \int_A \rho u\mathrm{d}A$。对于恒定流动,其密度 $\rho$ 为常数,则有

$$q_\mathrm{m} = \rho vA$$

体积流量的单位为 $\mathrm{m^3/s}$(或 $\mathrm{L/min}$),质量流量的单位为 $\mathrm{kg/s}$(或 $\mathrm{kg/min}$)。

### 2.4.2　流量连续性方程

流量连续性方程是流体运动学方程,是质量守恒定律在流体力学中的表现形式。

如图 2-8 所示,在流动流体内任取一流束,流束两端的过流断面面积分别为 $A_1$ 和

$A_2$，在该流束中取一微小流束，其两端的过流断面面积分别为 $dA_1$ 和 $dA_2$，并设流经 $dA_1$ 和 $dA_2$ 的流速、密度分别为 $u_1,\rho_1$ 和 $u_2,\rho_2$。此外，流动流体充满整个流动空间且不可能穿越流束侧面，则根据质量守恒定律，在某瞬时流入、流出微小流束的流体质量的代数和等于该瞬时微小流束中流体质量的变化率，即

$$\rho_1 u_1 dA_1 - \rho_2 u_2 dA_2 = \frac{d(\rho V)}{dt} = V\frac{d\rho}{dt} + \rho\frac{dV}{dt} \tag{2-31}$$

式中：$V$ 为微小流束的体积；$\rho$ 为微小流束中流体的密度。式中右端第一、第二项分别为微小流束内密度变化和微小流束体积变化引起的质量变化量。

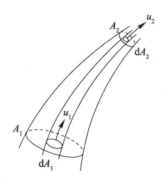

**图 2-8　流量连续性原理简图**

当流体做恒定流动时，流束内的密度和流束的体积均不随时间变化，则有

$$\rho_1 u_1 dA_1 = \rho_2 u_2 dA_2 = \text{const} \tag{2-32}$$

式(2-32)即为一般流体(含液体和气体)做恒定流动时微小流束的连续性方程。

对于液体，可认为 $\rho_1 = \rho_2 = \rho = \text{const}$，对式(2-32)积分，便得到液体流过整个流束的流量连续性方程，即

$$\int_{A_1} u_1 dA_1 = \int_{A_2} u_2 dA_2$$

根据式(2-30)，上式可写成

$$q_1 = q_2$$

或

$$v_1 A_1 = v_2 A_2 \tag{2-33}$$

式中：$q_1,q_2$ 分别为流经过流断面 $A_1$ 和 $A_2$ 的流量；$v_1,v_2$ 分别为流经过流断面 $A_1$ 和 $A_2$ 的平均流速。

式(2-33)说明，液体在管内做恒定流动时，流过管道不同截面的体积流量相等，其流速与截面积成反比。

### 2.4.3　能量方程(伯努利方程)

能量方程(伯努利方程)是能量守恒定律在流体力学中的表现形式。

(1) 理想流体的运动微分方程

在某一瞬时 $t$，在重力场中做一维流动的理想流体中取一段过流断面面积为 $dA$、长

度为 ds 的微元体,如图 2-9 所示。

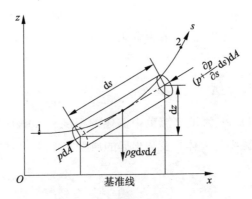

图 2-9　流体微元上的作用力

微元体两过流断面距基准线的高度分别为 $z_1$ 和 $z_2 = z_1 + dz$,流体的密度为 $\rho$。因为理想流体没有黏性,所以微元体不承受摩擦力的作用。由于流动流体的速度和压力都是空间坐标 $s$ 和时间 $t$ 的函数,所以作用在微元体上的力在其轴线上的分力有

重力

$$-\rho g\, dA\, ds \cos\theta = -\rho g\, dA\, ds\, \frac{\partial z}{\partial s}$$

压力

$$p\, dA - \left(p + \frac{\partial p}{\partial s} ds\right) dA = -\frac{\partial p}{\partial s} ds\, dA$$

惯性力

$$-ma = -\rho dA\, ds\, \frac{du}{dt} = -\rho dA\, ds \left(\frac{\partial u}{\partial s}\frac{ds}{dt} + \frac{\partial u}{\partial t}\right) = -\rho dA\, ds\left(u\,\frac{\partial u}{\partial s} + \frac{\partial u}{\partial t}\right)$$

根据牛顿第二定律 $\sum F = ma$,并经化简后可得

$$g\,\frac{\partial z}{\partial s} + \frac{1}{\rho}\frac{\partial p}{\partial s} + u\,\frac{\partial u}{\partial s} + \frac{\partial u}{\partial t} = 0 \tag{2-34}$$

式(2-34)即为理想流体一维流动的运动微分方程(欧拉方程),它表示了单位质量流体的力平衡方程。

当流体做恒定流动时,有 $\dfrac{\partial u}{\partial t} = 0$,则式(2-34)可写为

$$g\,dz + \frac{1}{\rho}dp + u\,du = 0 \tag{2-35}$$

(2) 理想流体微小流束的能量方程

将式(2-35)沿流线进行积分,即得理想流体一维恒定流动微小流束的能量方程:

$$gz + \int \frac{dp}{\rho} + \frac{u^2}{2} = \text{const} \tag{2-36}$$

式(2-36)既适用于液体,也适用于气体。

对于理想液体,有 $\rho=\mathrm{const}$,则对式(2-36)积分可得

$$z+\frac{p}{\rho g}+\frac{u^2}{2g}=\mathrm{const} \tag{2-37}$$

式(2-37)说明,在重力场中,理想液体做恒定流动时具有压力能、位能和动能三种能量形式,在任一过流断面上这三种能量形式之间可以互相转换,但三种能量之和为常数,即能量守恒。

（3）实际液体的能量方程

实际液体具有黏性,流动时需克服黏性摩擦阻力而产生能量损失。所以实际液体微小流束的能量方程为

$$z_1+\frac{p_1}{\rho g}+\frac{u_1^2}{2g}=z_2+\frac{p_2}{\rho g}+\frac{u_2^2}{2g}+h_{\mathrm{w}}' \tag{2-38}$$

式中:$h_{\mathrm{w}}'$ 为实际液体中微元体从过流断面 1 流到过流断面 2 因黏性产生的能量损失。

在求实际液体总流束的能量方程时,需设过流断面 $A_1$ 和 $A_2$ 的大小缓慢变化,称为缓变过流断面,如图 2-10 所示。

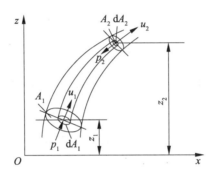

图 2-10　总流束能量方程推导简图

对于缓变过流断面,其上各点的流速方向近乎平行且垂直于断面而不存在切应力;此外,对用平均流速代替实际流速计算动能时引起的误差用动能修正系数 $\alpha$（过流断面上的实际动能与用平均流速计算的动能之比）进行修正,其动能修正系数 $\alpha$ 为

$$\alpha=\frac{\dfrac{1}{2}\displaystyle\int_A \mathrm{d}m\cdot u^2}{\dfrac{1}{2}mv^2}=\frac{\displaystyle\int_A \rho u\,\mathrm{d}A\cdot u^2}{\rho Av\cdot v^2}=\frac{\displaystyle\int_A u^3\,\mathrm{d}A}{v^3 A} \tag{2-39}$$

式中:$u,v$ 分别为过流断面上各点的实际流速和平均流速。

考虑上述因素并经推导后可得总流束的能量方程为

$$z_1+\frac{p_1}{\rho g}+\frac{\alpha_1 v_1^2}{2g}=z_2+\frac{p_2}{\rho g}+\frac{\alpha_2 v_2^2}{2g}+h_{\mathrm{w}} \tag{2-40}$$

式中:$\alpha_1,\alpha_2$ 分别为过流断面 $A_1,A_2$ 上的动能修正系数。

（4）气体等熵流动的能量方程

对于气体,可以忽略气体流动时的位能变化和由黏性引起的摩擦损失,此时由式

(2-37)和等熵变化状态方程 $p/\rho^k=$const 可得

$$\frac{p}{\rho}+\frac{u^2}{2}+\frac{1}{k-1}\frac{p}{\rho}=\text{const} \qquad (2\text{-}41)$$

或

$$\frac{p}{\rho}+\frac{u^2}{2}+\frac{1}{k-1}RT=\text{const} \qquad (2\text{-}42)$$

上式即为单位质量气体等熵无摩擦流动时的能量方程,它是包含气体热力学能在内的总的能量守恒关系式。与理想液体能量方程相比,式(2-42)多出了一项 $\frac{1}{k-1}RT$,它表示在等熵流动中单位质量气体的热力学能是由密度变化所引起的。

在使用能量方程时应当注意:

① 选取适当的水平基准面。

② 选取两个缓变过流断面,一个选取在参数已知处,另一个选取在参数要求处。

③ 在两个缓变过流断面上各选定高度已知的一个点。

④ 对所取的两点,列出能量方程。

在应用能量方程进行参数求解时,常与流量连续性方程联立求解。

**例 2-3**　如图 2-11 所示液压泵吸油系统,设油箱液面压力为 $p_1$,液压泵入口处的压力为 $p_2$,液压泵入口距油箱液面的高度为 $h$。试计算液压泵入口处的真空度。

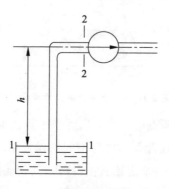

**图 2-11　液压泵吸油系统**

**解**　取油箱液面为基准面(过流断面 1-1),液压泵入口处为过流断面 2-2,并取动能修正系数 $\alpha_1=\alpha_2=1$,对断面 1-1 和断面 2-2 建立实际液体的能量方程可得

$$\frac{p_1}{\rho g}+\frac{v_1^2}{2g}=h+\frac{p_2}{\rho g}+\frac{v_2^2}{2g}+h_w$$

由于油箱液面与大气接触,故 $p_1$ 为大气压力,即 $p_1=p_a$;由于油箱液面下降速度 $v_1$ 远小于液压泵入口油流速度 $v_2$,即 $v_1\ll v_2$,故可近似认为 $v_1=0$;$h_w$ 为吸油管路中的能量损失。因此,上式可简化为

$$\frac{p_a}{\rho g}=h+\frac{p_2}{\rho g}+\frac{v_2^2}{2g}+h_w$$

则液压泵入口处的真空度为

$$p_a - p_2 = \rho g h + \frac{1}{2}\rho v_2^2 + \rho g h_w$$

可见,液压泵入口处的真空度由三部分组成:把油液提升到高度 $h$ 所需的压力、将静止液体加速到 $v_2$ 所需的压力,以及油液在吸油管路中流动时损失的压力。

### 2.4.4　动量方程

动量方程是动量定理在流体力学中的具体应用,动量定理主要用于计算流动流体对限制其流动的固体壁面的作用力。

动量定理指出:作用在物体上的外力的总冲量等于该物体在力的作用方向上的动量的变化率,即

$$d\left[\sum m_i \vec{u_i}\right] = \sum \vec{F_i}\, dt \tag{2-43}$$

在流动流体中取如图 2-12 所示的控制体积 $V$,经 $dt$ 时间后,控制体内流体从 1,2 移到 $1',2'$ 位置,则可得到 $t$ 时刻和 $t+dt$ 时刻的动量:

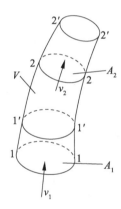

**图 2-12　流动流体动量定理推导简图**

$t$ 时刻的动量为

$$[\vec{I}_{1,2}]_t = [\vec{I}_{1,1'}]_t + [\vec{I}_{1',2}]_t$$

$t+dt$ 时刻的动量为

$$[\vec{I}_{1',2'}]_{t+dt} = [\vec{I}_{1',2}]_{t+dt} + [\vec{I}_{2,2'}]_{t+dt}$$

动量的增量为

$$d\vec{I} = [\vec{I}_{1',2'}]_{t+dt} - [\vec{I}_{1,2}]_t$$

则考虑 $[\vec{I}_{1',2}]_{t+dt} = [\vec{I}_{1,2}]_{t+dt} - [\vec{I}_{1,1'}]_{t+dt}$,可得

$$d\vec{I} = [\vec{I}_{1,2}]_{t+dt} - [\vec{I}_{1,1'}]_{t+dt} + [\vec{I}_{2,2'}]_{t+dt} - [\vec{I}_{1,2}]_t = \underbrace{[\vec{I}_{1,2}]_{t+dt} - [\vec{I}_{1,2}]_t}_{d\vec{I}_A} + \underbrace{[\vec{I}_{2,2'}]_{t+dt} - [\vec{I}_{1,1'}]_{t+dt}}_{d\vec{I}_B}$$

$$\tag{2-44}$$

式中：$\mathrm{d}\vec{I}_A$ 为控制体内流体动量的增量；$\mathrm{d}\vec{I}_B$ 为同一时间流出、流入控制体的流体的动量差。

由于单位时间内流动流体动量的增量等于流体所受的限制其流动的固体壁面的作用力，当用动量修正系数 $\beta$ 对用平均流速 $\vec{v}$ 进行动量计算所引起的误差进行修正时，

$$\beta = \frac{\int_A u\,(\rho u\,\mathrm{d}A)}{(\rho v A)\,v} = \frac{\int_A u^2\,\mathrm{d}A}{v^2 A} \tag{2-45}$$

则流体做非恒定流动时的动量方程为

$$\vec{F} = \underbrace{\frac{\mathrm{d}}{\mathrm{d}t}(\rho\beta\vec{v}\cdot V)}_{\text{瞬态力}} + \underbrace{\rho_2 q_2 \beta_2 \vec{v}_2 - \rho_1 q_1 \beta_1 \vec{v}_1}_{\text{稳态力}} \tag{2-46}$$

当流动为恒定流动时，瞬态力为零，且 $\rho_1 q_1 = \rho_2 q_2 = \rho q$，则动量方程变为

$$\vec{F} = \rho q(\beta_2 \vec{v}_2 - \beta_1 \vec{v}_1) \tag{2-47}$$

式中：$q$ 为流过控制体的流体的体积流量；$v_1$，$v_2$ 分别为流入、流出控制体的流体的平均流速。

显然，根据牛顿定律，该作用力的反力即为流动流体作用于限制其流动的固体壁面的力。

在应用动量定理时应特别注意控制体的正确选择，所选择的控制体应恰好完全包含受所求固体壁面限制流动的全部流体，而且其流入、流出断面上的流量和速度应已知。

**例 2-4** 图 2-13 为喷嘴–挡板示意图，已知喷嘴出口射流的截面积为 $A$，射流流量为 $q$，流体密度为 $\rho$，试求喷嘴射流对挡板的作用力。

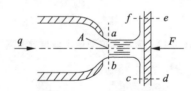

图 2-13　喷嘴-挡板受力分析

**解**　取如图所示 $abcdef$ 控制体，如忽略流体自重和流动时的摩擦阻力，则控制体内压力处处相等且均为大气压。

设挡板作用于控制体的力为 $F$，则列出沿水平方向的动量方程有

$$\sum F = -F = \rho q(0 - v_1) = -\rho q v_1$$

根据作用力与反作用力定律，射流作用于挡板上的力为

$$R = -\sum F = \rho q v_1 = \rho q^2/A$$

**例 2-5** 如图 2-14 所示滑阀示意图，当流量为 $q$ 的流体流过阀腔时，试求流体对阀芯的轴向作用力。

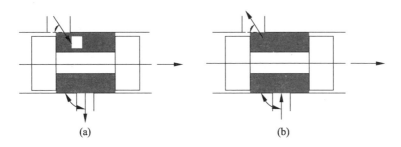

**图 2-14　阀上流体的作用力**

**解**　取阀芯两凸肩之间的流体为控制体,当阀口打开到某开度时,流体流入、流出阀口的速度分别为 $v_1$ 和 $v_2$,设流体做恒定流动及阀芯作用于流体的力为 $F$。

在图 2-14a 所示情况下,由动量方程可得阀芯作用于流体的力 $F$ 为

$$F = \rho q(\beta_2 v_2 \cos\theta_2 - \beta_1 v_1 \cos\theta_1)$$

由于 $\theta_2 = 90°$,所以

$$F = -\rho q \beta_1 v_1 \cos\theta_1$$

根据作用力与反作用力定律,流体作用于阀芯的力 $F'$ 为

$$F' = -F = \rho q \beta_1 v_1 \cos\theta_1$$

$F'$ 的方向向右,即使阀口关闭。

在图 2-14b 所示情况下,有

$$F = \rho q(-\beta_2 v_2 \cos\theta_2 - \beta_1 v_1 \cos\theta_1)$$

由于 $\theta_1 = 90°$,所以

$$F = -\rho q \beta_2 v_2 \cos\theta_2$$

则流体作用于阀芯的力 $F'$ 为

$$F' = -F = \rho q \beta_2 v_2 \cos\theta_2$$

$F'$ 的方向向右,同样流体有一个使阀口关闭的作用力。

由此可见,当液体流过滑阀时,不论液体的流动方向如何,均有一个使阀口关闭的力作用于阀芯,该力称为液动力。

## 2.5　管道中流体的流动

### 2.5.1　流动状态、雷诺数

#### (1) 层流和紊流

19 世纪末,英国物理学家雷诺利用如图 2-15 所示的实验装置进行了大量实验,观察水在圆管中的流动情况,发现液体在管道内流动时具有两种状态:层流和紊流。

当管中流速较低时,有色水为一条细直线,管中水流质点的运动有条不紊,互不混杂,呈现分层流动的状态,这种流动称为层流,如图 2-15a 所示。当管中流量和流速逐渐增大到一定值时,有色水呈波纹状上下摆动,层流状态受到破坏,液流开始出现紊乱,如图 2-15b

所示。当流速进一步增大时,扰动也进一步加大,有色水完全与周围水混杂,此时流体质点的运动呈现杂乱无章的状态,这种流动称为紊流,如图 2-15c 所示。

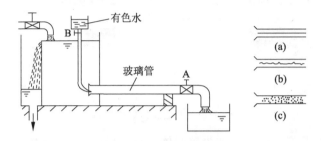

图 2-15　雷诺实验示意图

液体在做层流流动时,其质点之间互不干扰,流动呈线性或层状,且平行于管道轴线;而在做紊流流动时,液体质点的运动杂乱无章,既有平行于管道轴线的运动,也有剧烈的横向运动。

层流和紊流是两种不同性质的流动状态。层流时,黏性力起主导作用,液体质点受黏性的约束不能随意运动;紊流时,惯性力起主导作用,液体质点高速运动而不再受黏性的约束。

流体的流动状态也同样适用于气体。

流体的流动状态用雷诺数来判断。

(2) 雷诺数

雷诺实验证明,液体在管道内的流动状态与管内的平均流速 $v$、管道内径 $d$ 和液体的运动黏度 $\nu$ 有关,它们组成的无量纲数 $Re = \dfrac{vd}{\nu}$ 决定着液体的流动状态,$Re$ 称为雷诺数。

设液流由层流转变为紊流时的雷诺数为 $Re_1$,由紊流转变为层流时的雷诺数为 $Re_2$,则由实验可得 $Re_2 < Re_1$,$Re_1$ 和 $Re_2$ 分别称为上、下临界雷诺数。若 $Re > Re_1$,则流动为紊流;若 $Re < Re_2$,则流动为层流;当 $Re_2 < Re < Re_1$ 时,流动可能是层流,也可能是紊流。工程实际中以下临界雷诺数作为判断标准并简称为临界雷诺数,用 $Re_0$ 表示。凡 $Re < Re_0$,则流动必为层流;凡 $Re > Re_0$,则流动概当紊流处理。常见液流管道的临界雷诺数如表 2-3 所示。

表 2-3　常见液流管道的临界雷诺数

| 管道 | $Re_0$ | 管道 | $Re_0$ |
|---|---|---|---|
| 光滑金属圆管 | 2 320 | 带环槽同心环状缝隙 | 700 |
| 橡胶软管 | 1 600~2 000 | 带环槽偏心环状缝隙 | 400 |
| 光滑同心环状缝隙 | 1 100 | 圆柱形滑阀阀口 | 260 |
| 光滑偏心环状缝隙 | 1 000 | 锥阀阀口 | 20~100 |

对于非圆截面管道,其雷诺数用下式计算:

$$Re = \frac{vd_H}{\nu} \tag{2-48}$$

式中：$d_H$ 为通流截面的水力直径，$d_H = \frac{4A}{\chi}$，即 4 倍通流截面面积 $A$ 与湿周（与液体相接触的管壁周长）$\chi$ 之比。

上述液体在管道中流动状态的判据，同样适用于气体。

### 2.5.2　圆管中的层流流动

流体在管道中做层流流动时，其流线稳定，质点只有轴向流速而无横向流速。

如图 2-16 所示，在等直径水平圆管内做恒定、层流流动的流体中，取一半径为 $r$、长度为 $l$、中心与管轴重合的圆柱体，作用在其两端面上的压力分别为 $p_1$ 和 $p_2$，作用在其侧面上的摩擦力为 $F_f$，则其力平衡方程为

$$(p_1 - p_2)\pi r^2 = F_f$$

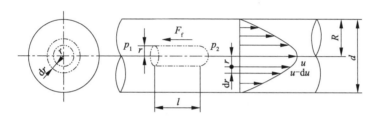

**图 2-16　圆直管中的层流**

由于内摩擦力 $F_f = -2\pi r \mu l \, du/dr$（因 $du/dr$ 为负值，为使 $F_f$ 为正而加一负号），并令 $\Delta p = p_1 - p_2$，则得

$$\frac{du}{dr} = -\frac{\Delta p}{2\mu l} r$$

即

$$du = -\frac{\Delta p}{2\mu l} r \, dr$$

对上式积分，并利用边界条件（$r = R$ 时，$u = 0$），得

$$u = \frac{\Delta p}{4\mu l}(R^2 - r^2) \tag{2-49}$$

可见，管内流速沿半径按抛物线规律分布，在圆管轴线上流速最大，其值为

$$u_{max} = \frac{\Delta p}{4\mu l} R^2$$

为计算流量，在半径 $r$ 处取厚度为 $dr$ 的微小环形面积 $dA = 2\pi r dr$，如图 2-16 所示，流过此环形面积的流量 $dq = u dA = u 2\pi r dr$，对此式积分则可得流过整个过流断面的流量 $q$，即

$$q = \int_0^R dq = \int_0^R u 2\pi r dr = \int_0^R \frac{\Delta p}{4\mu l}(R^2 - r^2) 2\pi r dr = \frac{\pi d^4}{128\mu l}\Delta p \tag{2-50}$$

式（2-50）表明，流量与管径的四次方成正比，可见管径对流量的影响十分显著。

根据平均流速的定义,可得过流断面的平均流速为

$$v = \frac{q}{A} = \frac{\Delta p R^2}{8\mu l} = \frac{1}{2}u_{max} \qquad (2\text{-}51)$$

可见,过流断面的平均流速为管轴上最大流速的一半。根据式(2-39)、式(2-45)可得层流流动时的动能修正系数 $\alpha = 2$ 和动量修正系数 $\beta = 4/3$。

### 2.5.3 圆管中的紊流流动

流体在圆管内做紊流流动时,流体任一质点的流速大小和方向都随时间而变化,但其主流动方向上的流速总是围绕着某个"平均值"脉动,如图 2-17 所示。

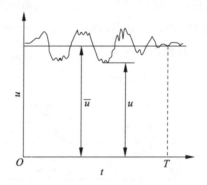

图 2-17 紊流流速的脉动

工程上有用的是流速的时间平均值,称为时均流速,用 $\bar{u}$ 表示,即在某一时间段 $T$ 内某一断面的真实流速的时间平均值,这样即可把紊流当作恒定流动来看待,则平均流速为

$$\bar{u} = \frac{1}{T}\int_0^T u \, \mathrm{d}t \qquad (2\text{-}52)$$

紊流流动中流体的压力同样用时均压力的概念进行处理。

对于充分的紊流流动,其过流断面上的时均流速分布规律如图 2-18 所示。由图可见,除靠近管壁很薄的一层层流边界层外,紊流的流速分布要比层流均匀得多。其最大流速为 $\bar{u}_{max} = (1.1 \sim 1.3)v$,动能修正系数 $\alpha = 1.05$,动量修正系数 $\beta = 1.04$,两者均可近似地取 1。

对于紊流流动,当采用时均流速和时均压力后,其流动可作为恒定流动来处理。

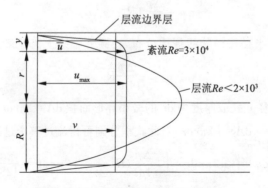

图 2-18 紊流流动时圆管中的流速分布

### 2.5.4　压力损失

黏性使实际流体在流动时产生能量损失，表现为压力下降，故称为压力损失。损失的能量转变为热量，使系统温度升高、性能变差，故在系统设计时，应考虑尽量减小压力损失。

流体在管道内流动时将产生沿程压力损失和局部压力损失。

（1）沿程压力损失

沿程压力损失是流体在等直径直管中流动时因摩擦阻力而产生的压力损失。由式（2-50）可求得沿程压力损失为

$$\Delta p = \frac{128\mu l}{\pi d^4} q \tag{2-53}$$

考虑到 $q = \pi d^2 v/4$ 及 $Re = vd/\nu$，则式（2-53）可写为

$$\Delta p_\lambda = \frac{64}{Re} \frac{l}{d} \frac{\rho v^2}{2} = \lambda \frac{l}{d} \frac{\rho v^2}{2} \tag{2-54}$$

式中：$\lambda = 64/Re$ 为沿程压力损失系数，该系数是流体在光滑圆管中做层流流动时的理论值，其实际值因受其他因素影响较理论值稍大。

式（2-54）对层流和紊流均适用，仅系数 $\lambda$ 取值不同而已。$\lambda$ 的取值与流体介质、管道和流态有关。

对于层流，当 $Re \leqslant 2\ 320$ 时，对金属圆管，水取 $\lambda = 64/Re$，油取 $\lambda = 75/Re$；对橡胶软管，取 $\lambda = 80/Re$。

对于紊流，$\lambda$ 与 $Re$ 的大小及管壁的相对粗糙度有关，$\lambda$ 的具体数值可参考有关资料。

（2）局部压力损失

局部压力损失是因管道截面突变、转弯、分叉、管接头、各种阀门等局部障碍而产生流动阻力所造成的压力损失。局部压力损失与流体的动能有关，一般可用下式计算：

$$\Delta p_\zeta = \zeta \frac{\rho v^2}{2} \tag{2-55}$$

式中：$\zeta$ 为局部压力损失系数，其具体数值可参考有关手册；$v$ 为局部阻力下游处流体的平均流速；$\rho$ 为流体的密度。

（3）流体在管路中流动的总压力损失

流体在管路中流动时总的压力损失等于所有沿程压力损失和局部压力损失之和，即

$$\Delta p = \sum \Delta p_\lambda + \sum \Delta p_\zeta = \sum \lambda \frac{l}{d} \frac{\rho v^2}{2} + \sum \zeta \frac{\rho v^2}{2} \tag{2-56}$$

式（2-56）适用于两相邻局部压力损失之间的距离大于 $10 \sim 20$ 倍管道内径的情况。因为如果距离太短，流体经过前一个局部阻力区域后还未稳定就要经过后一个局部阻力区域，它所受的干扰将更为严重，这时的阻力系数可能会比正常值大好几倍。

（4）可压缩流体（气体）在管中的流动特性

气体具有明显的可压缩性，其密度随压力而变化。但当管路较短、流速较低（$v \leqslant 50$ m/s）

时,沿管长方向压力和密度的变化很小,其流动规律很接近于液体,上述各种流动规律和公式也均适用。当管路较长、流速较高($v > 50$ m/s)时,其可压缩性将逐渐明显,这时的流动情况比较复杂,大多涉及气体状态的变化。

1)压力波、声速

在流体中,压力的扰动以波传播的形式传递,这种波称为压力波。压力波在介质中的传播速度即为声速。

如图 2-19 所示,可压缩流体充满等截面 $A$ 的直长管内,左端的活塞和管内流体开始时处于相对静止状态,流体的压力和密度分别为 $p$ 和 $\rho$。当活塞速度有微小变化 $\mathrm{d}v$ 时,紧贴其右侧的流体先受到扰动而发生压力增量 $\mathrm{d}p$,并以速度 $\mathrm{d}v$ 右移;向右运动、压力升高的流体又推动其右侧的流体向右运动,并发生新的压力增量。新的压力增量层(压力波峰)以速度 $a$ 向右移动,如图 2-19a 所示,压力波峰后的压力和密度分别增至 $p+\mathrm{d}p$ 和 $\rho+\mathrm{d}\rho$,而波峰前的仍保持初始的 $p$ 和 $\rho$。为方便分析,将坐标系固结在波峰上以速度 $a$ 向右移动。这样,波峰前的压力为 $p$、密度为 $\rho$ 的流体以速度 $a$ 向波头流来;波峰后的压力为 $p+\mathrm{d}p$、密度为 $\rho+\mathrm{d}\rho$ 的流体以速度 $a-\mathrm{d}v$ 向后流去,如图 2-19b 所示。

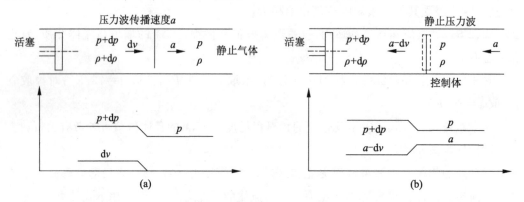

图 2-19 微小扰动压力波的传播过程

现取图 2-19 中虚线所示波峰左右微小区域作为控制体(体积趋于 0),对此控制体写出连续性方程,有

$$\rho a A = (\rho + \mathrm{d}\rho)(a - \mathrm{d}v)A$$

略去高阶微量,得

$$\rho \mathrm{d}v = a \mathrm{d}\rho \tag{2-57}$$

对控制体列写动量方程得

$$pA - (p + \mathrm{d}p)A = \rho A a [(a - \mathrm{d}v) - a]$$

整理后可得

$$\mathrm{d}p = \rho a \mathrm{d}v \tag{2-58}$$

将式(2-57)代入式(2-58)得

$$a^2 = \frac{\mathrm{d}p}{\mathrm{d}\rho} \tag{2-59}$$

由于压力波传播的速度足够大，流体的密度、压力及温度变化非常快，因此压力波传播过程可以看成等熵过程，对于理想气体则有 $\dfrac{p}{\rho^k}=$ const 及状态方程 $p=\rho RT$，可得

$$a=\sqrt{kRT} \tag{2-60}$$

该结果对微小扰动下的压缩波和膨胀波的传播均适用。

由式(2-60)可知，声速与流体介质的温度 $T$ 有关，当温度一定时，声速为常数。在室温条件下，空气中的声速约为 335 m/s。

液体的可压缩性很小，在普通液体中，声速可达到 1 500 m/s 左右。

工程上把气流速度与声速之比称为马赫数，用 $Ma$ 表示，即

$$Ma=\frac{v}{a}=\frac{v}{\sqrt{kRT}} \tag{2-61}$$

马赫数是表征流体可压缩性的无量纲参数。当 $Ma<1$ 时，$v<a$，称为亚声速流动；当 $Ma=1$ 时，$v=a$，称为声速流动；当 $Ma>1$ 时，$v>a$，称为超声速流动。

2) 临界压力比

如图 2-20a 所示，压缩空气从压力、温度分别为 $p_0$，$T_0$ 的大容器中经收缩形截面喷管喷出。管口气流速度 $v_e$ 必将随管后压力 $p_b$ 的降低而上升，当上升到声速时，管口气流状态呈声速流动的临界状态，临界状态的参数用上标"$*$"表示，则临界截面（管口）处的气体压力与容器内处于滞止状态（速度为零）的气体压力 $p_0$ 之比称为临界压力比，记为 $p_e^*/p_0$。由气体等熵流动的能量方程和气体的状态方程可得

$$\frac{p_0}{p_e^*}=\left(1+\frac{k-1}{2}Ma^2\right)^{\frac{k}{k-1}} \tag{2-62}$$

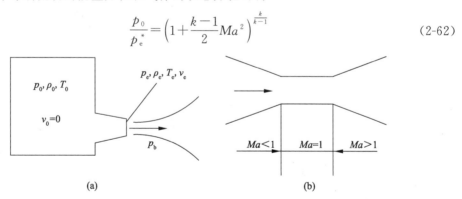

图 2-20　气体经喷嘴和变截面管的流动

气体做声速流动时，$Ma=1$，所以式(2-62)变为

$$\frac{p_0}{p_e^*}=\left(\frac{k+1}{2}\right)^{\frac{k}{k-1}} \tag{2-63}$$

对于空气，$k=1.4$，故

$$p_0/p_e^*=1.893$$

或

$$p_e^*/p_0=0.528 \tag{2-64}$$

式(2-64)是判别气体做声速流动的依据。

3）可压缩流体流经变截面管道的流动

当气体流经变截面管道时，其流速将发生变化，流速的变化取决于马赫数和管道截面的变化。

根据连续性方程、能量方程并忽略气体的黏性，经推导可得气体流经变截面管道的截面与速度间的关系为

$$\frac{dA}{A} = \frac{dv}{v}(Ma^2 - 1) \tag{2-65}$$

式(2-65)表明了可压缩流体流经如图 2-20b 所示的变截面管道时，管道截面变化与流速变化之间的关系。由该式可以看出：

① 对于亚声速流动，$Ma < 1$，$A$ 增加，$v$ 减小；$A$ 减小，$v$ 增加，与不可压缩流动相似。

② 对于超声速流动，$Ma > 1$，$A$ 增加，$v$ 增加；$A$ 减小，$v$ 减小，正好与亚声速流动相反。

③ 对于声速流动，$Ma = 1$，$A$ 不变化，$v$ 也不变化，此时 $v = a$。可见，在变截面管道中，声速只能发生在 $dA = 0$ 且截面积最小处。

## 2.6　孔口和缝隙流动

孔口和缝隙在液压与气动技术中的应用十分广泛，而且它们都与工作介质的泄漏密切相关。所以流体流经孔口和缝隙的流动特性，对液压和气动元件的性能具有较大的影响。

### 2.6.1　孔口流动

#### （1）液体流过薄壁小孔

长度与直径之比（即长径比）$l/d \leqslant 0.5$ 的孔称为薄壁孔，这种孔的长度变化对孔口的过流情况已无影响。一般薄壁孔口的边缘都加工成刃口形状，如图 2-21 所示。

若流体流过孔口过流断面时流速是均布的，则称为小孔口；否则称为大孔口。在液压与气动技术中，孔口均为压力作用下的过流，故一般为小孔口。

液体经过孔口后出流于大气中的称为自由出流，出流于液体中的称为淹没出流。

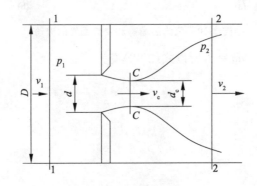

图 2-21　流体流经薄壁小孔

流体流过小孔时,由于惯性作用而冲过小孔并在小孔后方发生收缩,然后再扩大,从而产生局部能量损失。流体的收缩程度与流速、孔口及边缘的形状、孔口距侧壁的距离等因素有关,当管径与孔径之比 $D/d \geqslant 7$ 时,其收缩作用不受孔前管壁的影响,称为完全收缩。当 $D/d < 7$ 时,孔前管壁对流体流入小孔有导向作用,称为不完全收缩。流体的收缩程度用收缩系数表示,即

$$c_c = \frac{A_c}{A}$$

式中:$A$ 为孔口几何面积;$A_c$ 为流体完成收缩处的截面面积。

列出图 2-21 中小孔前 1-1 断面和流体完成收缩处的 $C-C$ 断面的能量方程有

$$\frac{p_1}{\rho g} + \frac{\alpha_1 v_1^2}{2g} = \frac{p_c}{\rho g} + \frac{\alpha_c v_c^2}{2g} + \zeta_c \frac{v_c^2}{2g}$$

式中:$\zeta_c$ 为流束突然缩小的局部损失系数。由于 $D \gg d$,可认为 $v_1 \approx 0$,又由于收缩断面上流速基本均布,故有 $\alpha_c = 1$,则得

$$v_c = \frac{1}{\sqrt{1+\zeta_c}} \sqrt{\frac{2}{\rho}(p_1 - p_c)} = c_v \sqrt{\frac{2}{\rho} \Delta p_c} \tag{2-66}$$

式中:$c_v$ 为小孔速度系数;$\Delta p_c$ 为小孔前后的压差。

考虑到 $A_c = c_c A$,则可得流经小孔的流量公式为

$$q = A_c v_c = c_c A c_v \sqrt{\frac{2}{\rho} \Delta p_c} = c_e A \sqrt{\frac{2}{\rho} \Delta p_c} \tag{2-67}$$

式中:$c_e$ 为出流系数,其值与孔口直径与管径的比值及雷诺数有关。

在液压技术中,小孔出流均为淹没出流,所以收缩断面的位置及其上的压力 $p_c$ 很难确定。通常在小孔下游适当位置(如图 2-21 中 2-2 截面)处测得压力 $p_2$,此时可用式(2-68)计算液体流经薄壁小孔的流量:

$$q = c_d A \sqrt{\frac{2}{\rho} \Delta p} \tag{2-68}$$

式中:$c_d$ 为流量系数,其值由实验确定;$\Delta p$ 为小孔前后的压差,$\Delta p = p_1 - p_2$。

在液体完全收缩的情况下,当 $Re = 800 \sim 5\,000$ 时,$c_d = 0.964 Re^{-0.05}$;当 $Re > 10^5$ 时,$c_d$ 可认为是常数,计算时取 $c_d = 0.60 \sim 0.61$;当液体不完全收缩时,$c_d$ 可增大到 $0.7 \sim 0.8$。

由式(2-68)可知,流经薄壁小孔的流量 $q$ 与小孔前后的压差 $\Delta p$ 及小孔面积 $A$ 有关,而与黏度无关。由于薄壁小孔不仅有局部压力损失,而且流经小孔的流量对温度不敏感,所以在液压、气动技术中,常采用一些与薄壁小孔流动特性相近的阀口作为可调节孔口。

(2)液体流过短孔和细长孔

长径比为 $1/2 < l/d \leqslant 4$ 的孔称为短孔,短孔壁厚将影响流体的出流情况。短孔的加工比薄壁小孔容易,因此特别适合于作固定节流器使用。

短孔的流量依然可用式(2-68)计算,但其流量系数 $c_d$ 应由图 2-22 查得。

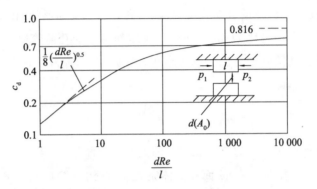

**图 2-22 短孔的流量系数**

由图 2-22 可知,当 $Re > 2\,000$ 时,$c_d$ 基本维持在 0.8 左右。

长径比 $l/d > 4$ 的孔称为细长孔。流体流经细长孔时一般都是层流,其流量可由式 (2-50)计算。

当液体流经细长孔时,其流量与液体的黏度有关,所以温度变化对流量的影响较大,这与薄壁小孔有明显的不同。

(3)气体流经节流口的流量

1) 气动元件的通流能力

单位时间内通过阀、管路等气动元件的气体体积或质量的能力,称为该元件的通流能力。通流能力可用有效截面积 $A$ 表示。由于黏性和惯性的作用,流体流过节流孔时会产生收缩,流体收缩后的最小截面积称为有效截面积。

气动元件内部可能有几个节流孔及通道,其有效截面积是指通流能力与实际等效的节流孔的截面积。

气动元件的有效截面积 $A$ 的值可由实验确定。图 2-23 为电磁阀 $A$ 值的测定装置。将被试元件(图中为阀)接在初始压力为 $p_1$(0.5 MPa 表压)、初始温度为 $T_1$、容积为 $V$ 的容器上,接通被试元件放气,待容器中的压力降到规定值(0.2 MPa)时,关闭阀口,记录从接通到关闭的时间 $t$ 及容器内压力稳定后的残余压力 $p_2$,并通过式(2-69)计算被试元件的有效截面积:

$$A = \left(12.9 \times 10^{-3} V \frac{1}{t} \lg \frac{p_1 + 0.101\,3}{p_2 + 0.101\,3}\right) \sqrt{\frac{273.16}{T}} \ \text{m}^2 \tag{2-69}$$

式中:各参数的单位为 $V(\text{m}^3), t(\text{s}), p_1(\text{MPa}), p_2(\text{MPa}), T(\text{K})$。

当气动元件串联或并联组合后,其有效截面积为

串联时

$$\frac{1}{A^2} = \frac{1}{A_1^2} + \frac{1}{A_2^2} + \cdots + \frac{1}{A_n^2} = \sum_{i=1}^{n} \frac{1}{A_i^2} \tag{2-70}$$

并联时

$$A = A_1 + A_2 + \cdots + A_n = \sum_{i=1}^{n} A_i \tag{2-71}$$

式中：$A$ 为气动元件组合后的等效有效截面积，$m^2$；$A_i$ 为各气动元件的有效截面积，$m^2$。

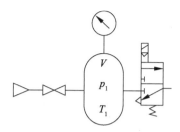

**图 2-23　电磁阀 $A$ 值的测定装置**

2）气体流经节流孔的流量

气体流经节流小孔时气流会发生收缩，其流量特性可由能量方程与相应的状态变化方程推得。由于气体流过节流小孔时的流速较快，来不及与外界进行热量交换，所以一般为等熵流动。

① 不可压缩气体流经节流孔的流量

当气体的流速较低（$v < 5$ m/s）时，可不考虑压缩性的影响，流经节流孔的流量仍可按式（2-68）计算，即

$$q = c_d A \sqrt{\frac{2}{\rho} \Delta p}$$

式中：$c_d$ 为流量系数，对于空气，一般取 $c_d = 0.62 \sim 0.64$，其余符号的意义同式（2-68）。

② 可压缩气体流经节流孔的流量

当气体的流速较快时，需考虑压缩性的影响，则采用有效截面积 $A$ 的计算公式为

亚声速$\left(\dfrac{p_2}{p_1} > 0.528\right)$时

$$q_z = 3.9 \times 10^3 A \sqrt{\Delta p\, p_1} \sqrt{\frac{273.16}{T_1}} \tag{2-72}$$

超声速$\left(\dfrac{p_2}{p_1} < 0.528\right)$时

$$q_z = 1.88 \times 10^3 A p_1 \sqrt{\frac{273.16}{T_1}} \tag{2-73}$$

式中：$q_z$ 为自由空气流量，$m^3/s$；$A$ 为有效截面积，$m^2$；$p_1$，$p_2$ 分别为节流孔上、下游的绝对压力，MPa。

### 2.6.2　缝隙流动

流体流经缝隙时，由于受壁面和黏性的影响，其流动一般为层流。由缝隙两端的压差造成的流动称为压差流动，由缝隙壁面之间的相对运动造成的流动称为剪切流动，有时两

种流动同时存在。

（1）平行平板缝隙流动

如图 2-24 所示，由长度为 $l$、宽度为 $b$、缝隙高度为 $h$ 的两平行平板构成缝隙，且有 $h \ll l, h \ll b$。

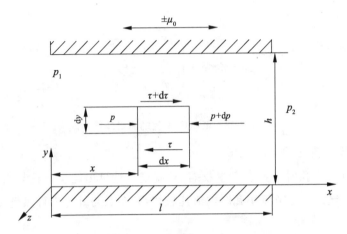

图 2-24　平行平板缝隙流动

在流场中取一个微元体 $\mathrm{d}x\mathrm{d}y\mathrm{d}z$，该微元体上的受力情况如图 2-24 所示，列出该微元体 $x$ 方向上的力平衡方程为

$$p\,\mathrm{d}y\mathrm{d}z - (p + \mathrm{d}p)\mathrm{d}y\mathrm{d}z - \tau\,\mathrm{d}x\mathrm{d}z + (\tau + \mathrm{d}\tau)\mathrm{d}x\mathrm{d}z = 0$$

将 $\tau = \mu\,\mathrm{d}u/\mathrm{d}y$ 代入并整理后可得

$$\frac{\mathrm{d}^2 u}{\mathrm{d}y^2} = \frac{1}{\mu}\frac{\mathrm{d}p}{\mathrm{d}x}$$

将上式对 $y$ 求两次积分，得

$$u = \frac{1}{2\mu}y^2\frac{\mathrm{d}p}{\mathrm{d}x} + Ay + B \tag{2-74}$$

式中：$A$，$B$ 为两个由边界条件决定的积分常数。此式为平行平板缝隙流动的基本方程。

1）液体流动

当平行平板间的相对运动速度为 $u_0$ 时，其边界条件为：当 $y = 0$ 时，$u = 0$；当 $y = h$ 时，$u = \pm u_0$。则可得

$$A = \pm\frac{u_0}{h} - \frac{1}{2\mu}\frac{\mathrm{d}p}{\mathrm{d}x}h$$
$$B = 0$$

由于液体在缝隙中做层流流动时 $p$ 只是 $x$ 的线性函数，即 $\dfrac{\mathrm{d}p}{\mathrm{d}x} = \dfrac{p_2 - p_1}{l} = -\dfrac{\Delta p}{l}$，将其代入式（2-74）并整理后可得

$$u = \frac{y}{2\mu}(h - y)\frac{\Delta p}{l} \pm \frac{u_0}{h}y \tag{2-75}$$

则平行平板缝隙中的液体流量为

$$q = \int_0^h ub\,\mathrm{d}y = \int_0^h \left[ \frac{y(h-y)}{2\mu l}\Delta p \pm \frac{u_0}{h}y \right]b\,\mathrm{d}y = \frac{bh^3}{12\mu l}\Delta p \pm \frac{bh}{2}u_0 \qquad (2\text{-}76)$$

当 $u_0 = 0$ 时，即固定平行平板缝隙中由压差引起的压差流动的流量为

$$q = \frac{bh^3}{12\mu l}\Delta p \qquad (2\text{-}77)$$

可见，在压差作用下，通过缝隙的流量与缝隙高度的三次方成正比。故元件内间隙的大小，对由压差引起的泄漏量的影响是很大的。

当 $\Delta p = 0$ 时，即平行平板缝隙中由平板相对运动引起的剪切流动的流量为

$$q = \frac{bh}{2}u_0 \qquad (2\text{-}78)$$

式(2-76)表明，当缝隙中同时存在压差流动和剪切流动时，其总流量为两种流量的叠加，当剪切流动与压差流动方向相同时取"＋"号；否则取"－"号。

2) 气体流动

对于固定平行平板缝隙中的压差流动，将 $y=0, u=0; y=h, u=0$ 的边界条件代入式(2-74)求得积分常数 $A, B$ 后，再进行整理可得

$$\frac{\mathrm{d}p}{\mathrm{d}x} = -\frac{12\mu q_{\mathrm{m}}}{b\rho h^3}$$

式中：$q_{\mathrm{m}}$ 为流过缝隙的质量流量。

由于气体在缝隙中流动时产生的热量较少，而且缝隙多由导热良好的金属构成，所以缝隙中的气体流动可认为是等温变化过程。将理想气体状态方程代入上式，并经积分整理后可得压差流动的质量流量为

$$q_{\mathrm{m}} = \frac{bh^3}{24\mu RTl}(p_1^2 - p_2^2) \qquad (2\text{-}79)$$

体积流量为

$$q = \frac{bh^3}{24\mu\rho RTl}(p_1^2 - p_2^2) \qquad (2\text{-}80)$$

式中：$\rho$ 为计量处的气体密度。

当缝隙中同时存在压差流动和剪切流动时，其流量为两种流动流量的叠加，即

$$q = \frac{bh^3}{24\mu\rho RTl}(p_1^2 - p_2^2) \pm \frac{bh}{2}u_0 \qquad (2\text{-}81)$$

当两种流动方向相同时取"＋"号；否则取"－"号。

(2) 同心圆环缝隙流动

由内外两个圆柱面构成的缝隙称为圆柱环形缝隙，若缝隙的内外圆柱面同心，则称为同心圆环缝隙。

在液压与气动技术中，缸体与柱塞或活塞缝隙中的流动、圆柱滑阀阀芯与阀孔缝隙中

的流动等,均属于同心圆环缝隙流动。

若内外圆柱面之间为配合关系,则缝隙高度 $h$ 与圆柱公称半径 $r$ 之比很小,即 $h/r \ll 1$,此时可把环形缝隙展开而看成平行平板缝隙,以 $b = \pi d$ 代入平行平板缝隙流动的有关公式即可。

对于液体

$$q = \frac{\pi d h^3}{12 \mu l} \Delta p \pm \frac{\pi d h}{2} u_0 \tag{2-82}$$

对于气体

$$q_m = \frac{\pi d h^3}{24 \mu R T l}(p_1^2 - p_2^2) \pm \frac{\pi d \rho h}{2} u_0 \tag{2-83}$$

$$q = \frac{\pi d h^3}{24 \mu \rho R T l}(p_1^2 - p_2^2) \pm \frac{\pi d h}{2} u_0 \tag{2-84}$$

式中:$d$ 为公称直径;$u_0$ 为内外圆柱面沿轴向的相对运动速度;$l$ 为轴向缝隙长度。式中正负号的选取与平行平板缝隙流动相同。

(3)偏心圆环缝隙流动

图 2-25 所示为偏心圆环缝隙流动,内外圆柱面半径分别为 $r_1$ 和 $r_2$,公称半径为 $r$,偏心距为 $e$,设 $h_0 = r_2 - r_1$ 为同心圆环缝隙的高度,$\varepsilon = e/h_0$ 为相对偏心率,则经推导并整理后可得偏心圆环缝隙流动的流量计算公式。

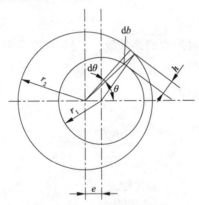

图 2-25 偏心圆环缝隙流动

对于液体

$$q_\varepsilon = \frac{\pi d h_0^3}{12 \mu l}(1 + \frac{3}{2}\varepsilon^2) \Delta p \pm \frac{u_0 h_0}{2} \pi d \tag{2-85}$$

对于气体

$$q_\varepsilon = \frac{\pi d h_0^3}{24 \mu \rho R T l}\left(1 + \frac{3}{2}\varepsilon^2\right)(p_1^2 - p_2^2) \pm \frac{u_0 h_0}{2} \pi d \tag{2-86}$$

由式(2-85)和式(2-86)可知,偏心仅对压差流动有影响。当 $\varepsilon = 0$ 时,两式即为同心圆环缝隙流动的流量计算公式。当出现偏心($\varepsilon \neq 0$)时,缝隙流量增加,当达到最大偏心($\varepsilon = 1$)

时,其流量为同心圆环缝隙流量的 2.5 倍。因此,在液压与气动元件中,为了减少缝隙泄漏量,应采取措施,尽量使其配合件处于同心状态。

（4）平行圆环平面缝隙流动

图 2-26 所示为平行圆环平面缝隙流动,圆环与平面间无相对运动,流体自圆环中心向外辐射流出。由于缝隙很小,故其流动一般为层流,且在径向上无剪切流动。液压与气动技术中柱塞泵或柱塞马达的滑履与斜盘之间、止推静压轴承等都存在这种流动。

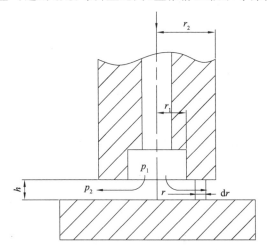

图 2-26　平行圆环平面缝隙流动

设圆环的大、小半径分别为 $r_2$ 和 $r_1$,缝隙的高度为 $h$,边界条件为:$y=0,u=0$;$y=h,u=0$,经推导可得流体流经平行圆环平面缝隙的流量计算公式。

对于液体

$$q=\frac{\pi h^3 \Delta p}{6\mu \ln \frac{r_2}{r_1}} \tag{2-87}$$

对于气体,假定缝隙中的流动是等温的,则气体流经平行圆环平面缝隙的质量流量为

$$q_m=\frac{\pi h^3 (p_1^2-p_2^2)}{12\mu RT \ln \frac{r_2}{r_1}} \tag{2-88}$$

其体积流量为

$$q=\frac{\pi h^3 (p_1^2-p_2^2)}{12\mu \rho RT \ln \frac{r_2}{r_1}} \tag{2-89}$$

综上所述,缝隙的高度对泄漏量的影响很大,缝隙高度越小,泄漏量亦越小,泄漏功率损失就越小,但由黏性摩擦力引起的功率损失将增加,总的功率损失应为泄漏功率损失与摩擦功率损失之和。所以,缝隙高度应有一个使总功率损失达到最小的最佳值,而不是越小越好。另外,热胀冷缩、表面加工质量、受力变形情况等均是确定缝隙高度时需考虑的因素。

## 2.7 液压冲击与气穴现象

在液压和气动系统中,有时流体的流速会在极短的瞬间发生非常大的变化,从而导致系统压力急剧地变化,这给系统带来很大的危害,应设法尽量避免。

### 2.7.1 液压冲击

由于液体具有一定的质量,当其以一定的速度在管道内流动时,就具有一定的动量,速度越高,动量越大。阀门的快速动作或外负载的急剧变化等,将使液流的流速突然发生变化,从而引起液流动量的急剧变化,使液流中的压力发生急剧变化。急剧变化的压力波在管道内往复传播,引起液体压力发生急剧交替升降波动,这一过程称为液压冲击。

当出现液压冲击时,油液中的瞬时峰值压力往往比正常工作压力高好几倍,不仅会损坏密封装置、管路和液压元件,还会使设备产生振动和噪声,影响设备的工作质量。有时液压冲击还会使压力继电器、顺序阀等利用压力控制的液压元件产生误动作,影响设备正常工作,甚至造成事故,所以应设法减少或避免产生液压冲击。

减少液压冲击可采取以下措施:

① 尽可能延长阀门关闭时间或运动部件的制动换向时间。

② 适当加大管径,限制管内流速。

③ 尽量缩短管长,以减少压力波的传播时间,变直接冲击为间接冲击。

④ 采用橡胶软管,以增加系统的弹性。

⑤ 在易发生液压冲击处,设置卸荷阀或蓄能器,以限制压力升高或吸收冲击压力。

### 2.7.2 气穴现象

(1) 空气分离压和饱和蒸气压

在一定温度下,当油液压力降低到某一值时,溶解在油液中的过饱和空气将突然迅速地从油液中分离出来,产生大量气泡,这个压力称为油液在该温度下的空气分离压。空气分离压与油液的种类、温度、空气的溶解量及混入量有关。一般液压油的空气分离压的平均值为 1 333~6 666 Pa。

在一定温度下,当油液压力低于某一值时,油液本身将迅速汽化,液体中产生大量蒸气气泡而沸腾,此压力称为油液在该温度下的饱和蒸气压。温度升高,饱和蒸气压相应增高。油液的饱和蒸气压是很低的,在 20 ℃时,矿物油的饱和蒸气压为 6~2 000 Pa。

由以上分析可知,一般油液的空气分离压高于其饱和蒸气压,有的甚至高出好几倍。

(2) 气穴的产生及防止

在流动液体中,由压力降低而致气泡形成的现象叫气穴现象。气穴中的气体可以是空气或该种液体的蒸气。当流动液体中某处的压力下降到空气分离压时,溶解在油液中的空气将迅速大量地分离出来,产生大量气泡。当压力继续下降到液体在该温度下的饱和蒸气压时,油液将沸腾产生大量气泡,使气穴现象更加严重。

当油液中出现气穴现象时,大量气泡破坏了液流的连续性,会造成流量和压力脉动,并使系统容积效率下降。气泡随液流进入高压区又急剧破灭,以致引起局部液压冲击,发出噪声并引起振动。气泡中的酸性气体对元件表面的腐蚀作用和气泡破灭时对元件表面产生的冲击作用,将使金属剥蚀,这种由气穴造成的腐蚀作用称为气蚀。气蚀会使液压元件和系统的工作性能变差,并使元件的使用寿命缩短。

气穴多发生在阀口和液压泵的吸油口处。由于阀口的通流面积狭窄,当流速增大时,压力将大幅度降低,以致产生气穴。液压泵吸油口处,若管径太小造成吸油阻力太大,或油泵安装高度过高,或油泵转速过高造成吸油口真空度过大,也会产生气穴。带大惯性负载的液压缸、液压马达在运转中突然停止或换向时,也可能产生气穴。

在液压系统中,不论何处,只要压力低于空气分离压就会产生气穴现象。为了防止气穴现象的产生,避免气穴和气蚀的危害,就要防止系统中的压力过度降低,通常采取以下措施:

① 减小阀口前后的压差,一般希望阀口前后的压力比为 $p_1/p_2 < 3.5$。

② 降低油泵的吸油高度,尽量避免吸油管路中的压力损失。

③ 提高零件的抗气蚀能力,增加零件的机械强度,减小零件表面粗糙度等。

④ 使管路密封良好,防止空气进入系统。

2.1　液压油液的黏度有几种表示方法?它们各用什么符号表示?各用什么单位?

2.2　某液压油的运动黏度为 68 $mm^2/s$,密度为 900 $kg/m^3$,求其动力黏度和恩氏黏度。

2.3　20 ℃时 200 mL 蒸馏水从恩氏黏度计中流尽的时间为 51 s,如果 200 mL 的某液压油在 40 ℃时从恩氏黏度计中流尽的时间为 232 s,已知该液压油的密度为 900 $kg/m^3$,求该液压油在 40 ℃时的恩氏黏度、运动黏度和动力黏度。

2.4　什么叫压力?压力有几种表示方法?液压系统的压力与外界负载有什么关系?

2.5　解释以下概念:理想液体、定常流动、通流截面、流量、平均流速、层流、紊流和雷诺数。

2.6　如图 2-27 所示的液压千斤顶中,小柱塞直径 $d = 10$ mm,行程 $S_1 = 25$ mm,大柱塞直径 $D = 40$ mm,重物产生的力 $F_2 = 50\,000$ N,手压杠杆比 $L:l = 500:25$,试求:(1) 此时密封容积中的液体压力 $p$;(2) 杠杆端施加力 $F_1$ 为多大时,才能举起重物;(3) 杠杆上下动作一次,重物的上升高度 $S$。

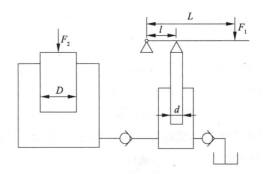

图 2-27　液压千斤顶

2.7　一个压力水箱与两个 U 形水银测压计连接,如图 2-28 所示,$a$,$b$,$c$,$d$,$e$ 分别为各液面相对于某基准面的高度值,求压力水箱上部的气体压力 $p$。

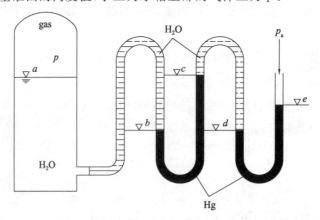

图 2-28　压力水箱

2.8　图 2-29 所示为一渐扩水管,已知 $d=15$ cm,$D=30$ cm,$p_A=6.86\times10^4$ Pa,$p_B=5.88\times10^4$ Pa,$h=1$ m,$v_B=1.5$ m/s,求:(1) $v_A$;(2) 水流的方向;(3) $A$ 和 $B$ 两点之间的压力损失。

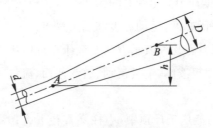

图 2-29　渐扩水管

2.9　图 2-30 所示为一虹吸管道,已知水管直径 $D=$ 10 cm,水管总长 $L=1\,000$ m,$h_0=3$ m,求流量 $q$。(局部阻力系数:入口 $\zeta=0.5$,出口 $\zeta=1.0$,弯头 $\zeta=0.3$;沿程阻力系数: $\lambda=0.06$)

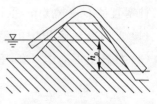

图 2-30　虹吸管道

第3章

# 液压传动基本元件

液压传动技术在工程上的应用相当广泛，包括工业、农业、国防、航空、航天以及人们的日常生活等诸多领域，如机床上的进给运动、工程机械的液压驱动、自动线上的工件输送、起重设备、火炮的自动定位、飞机上的液压助力器、航天飞机上使用的机械手等。液压传动系统的结构和工作原理均比较复杂，特别是当系统出现故障时较难查找，只有在了解各元件的结构、工作原理及系统的工作原理的基础上，根据整个设备的工况进行分析，逐个排查，才能找出故障并排除。本章将介绍液压元件的结构、工作原理及液压传动系统的工作原理。

## 3.1 液压泵

### 3.1.1 液压泵概述

液压泵将机械能转换为液压能，为液压系统提供具有一定压力和流量的液体，是液压系统的重要组成部分，它的性能优劣直接影响整个系统工作的可靠性和稳定性。

（1）液压泵的工作原理

由于液压泵是依靠密封工作腔容积大小交替变化工作的，故称为容积式泵。图 3-1 所示为单柱塞容积式泵的工作原理。偏心轮 1 旋转时，柱塞 2 在偏心轮 1 和弹簧 3 的作用下在缸体中左右往复运动，使密封工作腔 4 的容积交替地增大和减小，增大时吸入油液，减小时将油液输入系统。液压泵吸油时的压力取决于吸油口至油箱液面的高度和吸油管路的压力损失；压油时的压力取决于负载和压油管路的压力损失。

液压泵正常工作的基本条件：具有密封的工作腔；密封工作腔的容积大小能交替变化，变大时与吸油口连通，变小时与压油口连通；吸油口和压油口不能连通。

因此，在分析液压泵的工作原理时，应从液压泵是否具备正常工作的三个条件入手。

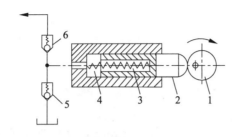

1—偏心轮；2—柱塞；3—弹簧；4—密封工作腔；

5—吸油（单向）阀；6—压油（单向）阀

**图 3-1　单柱塞容积式泵的工作原理**

（2）液压泵的性能参数

1）工作压力、额定压力

工作压力 $p$ 是指液压泵出口处的实际压力，其大小取决于负载。额定压力 $p_n$ 是指液压泵长期连续运转所允许达到的最高压力。

2）排量、流量

排量 $V$ 是指在没有泄漏的情况下，泵轴转过一转时所能排出的油液体积。排量的大小仅与液压泵的几何尺寸有关。

液压泵的流量有理论流量、实际流量和额定流量之分。

理论流量 $q_t$ 是指在没有泄漏的情况下，单位时间内所输出的油液体积，其大小与泵轴转速 $n$ 和排量 $V$ 有关，即 $q_t = Vn$；实际流量 $q$ 是指单位时间内实际输出的油液体积，由于液压泵存在部分内泄漏，所以实际流量小于理论流量；额定流量 $q_n$ 是指在额定转速和额定压力下输出的流量。流量的单位为 $m^3/s$，工程上也用 $L/min$。

3）功率、效率

① 功率

液压泵输入的功率 $P_i$ 为机械功率，$P_i = T\omega$；液压泵输出的功率 $P_o$ 为液压功率，$P_o = pq$。

若液压泵在能量转换过程中没有损失，则输入功率等于输出功率，其理论功率 $P_t$ 为

$$P_t = pq_t = pVn = T_t\omega = 2\pi T_t n \tag{3-1}$$

式中：$T_t$ 为液压泵的理论转矩；$\omega$ 为液压泵的输入角速度；$n$ 为液压泵的输入转速。

② 效率

液压泵在实际工作时存在功率损失，包含容积损失和机械损失两部分。

a. 容积效率

由泄漏、气穴及油液被压缩等造成的流量损失称为容积损失，其中内泄漏为主要原因。容积损失用容积效率 $\eta_v$ 表示，则有

$$\eta_v = \frac{q}{q_t} = \frac{q_t - \Delta q}{q_t} = 1 - \frac{\Delta q}{q_t} \tag{3-2}$$

式中:$\Delta q$ 为某工作压力下液压泵的泄漏流量。由于液压泵的内泄漏是经间隙的泄漏,一般为层流状态,故泄漏流量 $\Delta q = k_1 \cdot \Delta p$,$k_1$ 为泄漏常数,$\Delta p$ 为液压泵高低压腔压差。由于液压泵吸油口压力近似为零,故 $\Delta p$ 近似为液压泵的工作压力,则容积效率可表示为

$$\eta_v = 1 - \frac{\Delta q}{q_t} = 1 - \frac{k_1 \Delta p}{Vn} = 1 - \frac{k_1 p}{Vn} \tag{3-3}$$

可见,液压泵的工作压力越高,泄漏流量越大,容积效率越低。

b. 机械效率

由液压泵内部的机械摩擦以及液体的内摩擦引起的转矩损失称为机械损失,用机械效率 $\eta_m$ 表示。设理论输入转矩为 $T_t$,转矩损失为 $\Delta T$,实际输入转矩为 $T = T_t + \Delta T$,则有

$$\eta_m = \frac{T_t}{T} = \frac{T_t}{T_t + \Delta T} \tag{3-4}$$

液压泵的输出功率与输入功率之比称为总效率,用 $\eta$ 表示,即有

$$\eta = \frac{P_o}{P_i} = \frac{pq}{T\omega} = \eta_v \cdot \eta_m \tag{3-5}$$

可见,液压泵的总效率为容积效率与机械效率之积。

(3) 液压泵的分类

液压泵种类繁多,有不同的分类方法。液压泵的分类见表 3-1。

表 3-1　液压泵的分类

| 液压泵的分类 | 按排量是否可调 | 定量泵 | |
|---|---|---|---|
| | | 变量泵 | 单作用叶片泵 |
| | | | 径向柱塞泵 |
| | | | 轴向柱塞泵 |
| | 按结构形式 | 齿轮泵 | 外啮合齿轮泵 |
| | | | 内啮合齿轮泵 |
| | | 叶片泵 | 单作用叶片泵 |
| | | | 双作用叶片泵 |
| | | 柱塞泵 | 径向柱塞泵 |
| | | | 轴向柱塞泵 |
| | | 螺杆泵 | 双螺杆泵 |
| | | | 单螺杆泵 |

### 3.1.2　齿轮泵

图 3-2 所示为外啮合齿轮泵的工作原理。它由装在壳体内的一对相互啮合的齿轮、齿轮端面的两个端盖(图中未示出)和壳体构成密封工作腔。当齿轮按图示方向旋转时,

啮合点右侧的密封工作腔容积不断由小变大,从而完成吸油;啮合点左侧的密封工作腔容积不断由大变小,油液被挤到系统中从而完成压油。

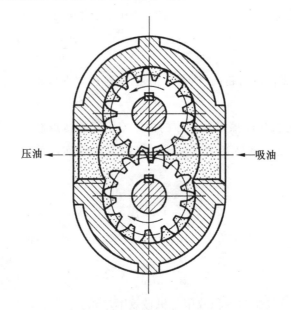

压油 ← | → 吸油

图 3-2　外啮合齿轮泵的工作原理

齿轮泵结构简单、制造方便、价格低廉,自吸能力较强,对污染不敏感,工作可靠,维护方便。齿轮泵的内泄漏较大,故容积效率较低;径向力不平衡,使工作压力提高受到限制;流量脉动大,因此压力脉动和噪声都较大。

### 3.1.3　叶片泵

叶片泵流量均匀、运转平稳、噪声小。叶片泵有双作用和单作用两种,双作用叶片泵为定量泵,单作用叶片泵可做成变量泵。叶片泵要求有较高的油液清洁度。

(1) 双作用叶片泵

图 3-3 所示为双作用叶片泵的工作原理。它由转子 1、定子 2、叶片 3 和配油盘 4 构成密封工作腔,定子内表面由两段长、短半径分别为 $R$、$r$ 的圆弧和四段过渡曲线组成,定子与转子同心安装。叶片 3 装在转子 1 的径向叶片槽中,并可灵活地径向滑动,叶片槽的底部通过配油盘与压力油相通(图中未示出)。当转子按图示方向旋转时,叶片在离心力和底部压力油的共同作用下向外伸出,其顶部紧贴定子内表面,两叶片与配油盘所包围的密封工作腔的容积大小随着叶片的伸缩而发生变化,从而完成吸油和压油。该泵转子每转一周,完成吸油和压油各两次,故称为双作用叶片泵。由于泵的吸油区和压油区对称布置,因此转子所受径向力是平衡的。

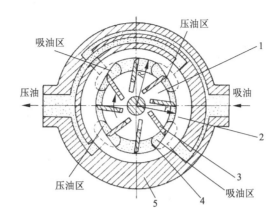

1—转子;2—定子;3—叶片;4—配油盘;5—泵体

**图 3-3　双作用叶片泵的工作原理**

(2) 单作用叶片泵

单作用叶片泵在结构上类似于双作用叶片泵(见图 3-4),其密封工作腔也由转子 1、定子 2、叶片 3 及侧面两个配油盘等零件构成,所不同的是定子 2 的内表面是圆,且与转子 1 偏心安装,偏心距为 $e$。当转子转动时,叶片在叶片槽内做伸缩运动,使密封工作腔的容积发生变化,从而完成吸油和压油工作。调节偏心距 $e$ 可改变密封工作腔容积变化量的大小,从而改变输出流量的大小。改变偏心的方向可调换泵的进出油口,从而改变泵的输油方向。

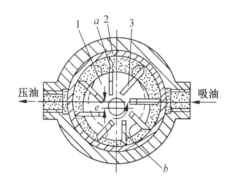

1—转子;2—定子;3—叶片

**图 3-4　单作用叶片泵的工作原理**

(3) 限压式变量叶片泵

限压式变量叶片泵的输出流量随工作压力的变化而变化。当工作压力增大到泵所产生的流量全部用于补偿泵的内泄漏时,泵的输出流量为零,此时泵的输出压力不随外负载的增大而升高,所以称为限压式变量叶片泵。限压式变量叶片泵有外反馈式和内反馈式两种。

图 3-5 所示为外反馈限压式变量叶片泵的工作原理,它能根据外负载(泵的工作压力)的大小自动调节泵的排量。该泵的转子 1 固定不动,定子 3 可左右移动。定子在左侧

刚度为 $k_s$ 的弹簧 2 和右侧面积为 $A_x$ 的反馈柱塞 5 的作用下相平衡,弹簧力 $F_s=k_s x_0$,反馈柱塞液压力 $F=pA_x$。当泵工作时,如 $F<F_s$,则定子处于最右边,偏心距最大,即 $e=e_{max}$,泵的输出流量也最大;若因外负载增大而使 $F>F_s$,则反馈柱塞推动定子左移 $x$ 距离,偏心距减小到 $e=e_{max}-x$,输出流量也随之减小。泵的工作压力越高,定子与转子间的偏心距越小,其输出流量也越小,流量-压力特性曲线如图 3-6 所示。图中 $AB$ 段是泵的不变量段,这时 $F_s>F$,$e_{max}$ 为常数,因内泄漏使输出流量随压力升高而略有减小。图中 $BC$ 段是泵的变量段,此时泵的输出流量随工作压力增高而减小。图中 $B$ 点称为曲线的拐点,对应的工作压力 $p_c=k_s x_0/A_x$,其值由弹簧预压缩量 $x_0$ 确定。$C$ 点是变量泵最大输出压力($p_{max}$)点,此时泵的输出流量为零。

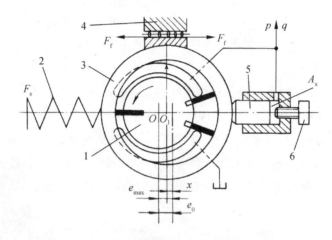

1—转子;2—弹簧;3—定子;4—滑块滚针支承;5—反馈柱塞;6—流量调节螺钉

**图 3-5 外反馈限压式变量叶片泵的工作原理**

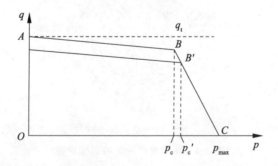

**图 3-6 限压式变量叶片泵的流量-压力特性曲线**

限压式变量叶片泵性能的调整方法如下:

① 调节弹簧的预压缩量 $x_0$,$BC$ 段曲线左右平移,可改变 $p_c$ 和 $p_{max}$ 的值。

② 调节流量调节螺钉 6,改变 $e_{max}$,$AB$ 段曲线上下平移,可改变泵的最大流量,$p_c$ 值稍有变化。

③ 改变弹簧刚度 $k_s$,可改变 $BC$ 段的斜率,弹簧越"软",$BC$ 段越陡峭;反之,$BC$ 段越平坦。

### 3.1.4　柱塞泵

柱塞泵依靠柱塞在缸体孔内做往复运动时产生的容积变化进行吸油和压油。由于柱塞泵的密封性能好,所以在高压下仍能保持较高的容积效率和总效率。

柱塞泵可分为径向柱塞泵和轴向柱塞泵两类。径向柱塞泵由于结构尺寸比较大,不能用于高速,因此在工程上应用比较少,工程上多采用轴向柱塞泵。

（1）直轴式轴向柱塞泵

直轴式轴向柱塞泵又名斜盘式轴向柱塞泵,其工作原理如图 3-7 所示。它由斜盘 1、柱塞 2、缸体 3、配油盘 4、传动轴 5 等主要零件组成。缸体上沿圆周轴向排列的孔内装有可灵活滑动的柱塞(7～9 个),由缸孔和柱塞构成密封工作腔。斜盘 1 和配油盘 4 固定不动,传动轴 5 带动缸体 3 和柱塞 2 一起转动,柱塞在低压油(由辅助油泵供油)或机械装置的作用下紧压在斜盘上。由于斜盘 1 相对于缸体 3 的中心线倾斜了一个角度 $\delta$,当传动轴转动时,在自下而上回转的半周内,柱塞逐渐外伸,密封腔的容积不断增大,经配油盘的配油窗口 a 将油液吸入;在自上而下回转的半周内,柱塞被斜盘推入缸体,密封腔的容积不断减小,经配油盘的配油窗口 b 将油液压出。缸体旋转一周,柱塞往复运动一次,完成一次吸油和压油动作。

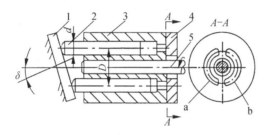

1—斜盘;2—柱塞;3—缸体;4—配油盘;5—传动轴

**图 3-7　直轴式轴向柱塞泵的工作原理**

由于该泵在主要产生泄漏处(缸体和配油盘、柱塞和缸孔之间)采取了有效的补偿措施或密封较长,有效地减少了泄漏,使泵可达到较高的工作压力,容积效率也可达到 95% 左右。

调节斜盘倾角 $\delta$,可改变泵的排量 $V$,从而达到调节输出流量的目的,所以这种泵可以做成变量泵。改变斜盘倾角 $\delta$ 的机构称为变量机构,变量机构有多种控制方式。图 3-8 所示为手动变量轴向柱塞泵的结构原理图。通过旋转手轮带动变量机构可以调节斜盘倾角 $\delta$ 的大小,以达到调节流量的目的。

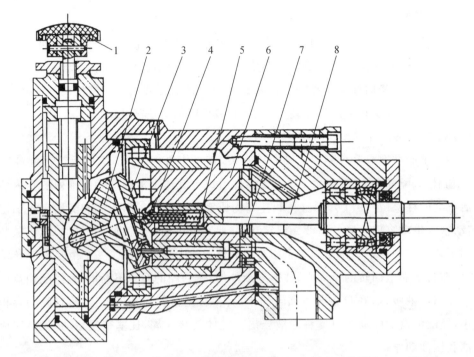

1—手轮；2—斜盘；3—回程盘；4—滑履；5—柱塞；6—缸体；7—配油盘；8—传动轴

**图 3-8　手动变量轴向柱塞泵的结构原理图**

（2）斜轴式轴向柱塞泵

斜轴式轴向柱塞泵的传动轴中心线与缸体中心线倾斜一个角度 $\gamma$，其工作原理如图 3-9 所示。传动轴 5 通过连杆 4 带动柱塞 2 和缸体 3 一起绕缸体中心转动，同时连杆又使柱塞在缸体的柱塞孔中做往复运动，实现吸油和压油。这种泵通过改变传动轴和缸体间的夹角 $\gamma$ 实现变量。这种泵适用于大排量的场合，但结构复杂。

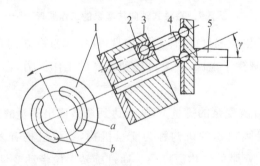

1—配油盘；2—柱塞；3—缸体；4—连杆；5—传动轴

**图 3-9　无铰斜轴式轴向柱塞泵的工作原理**

（3）径向柱塞泵

图 3-10 所示为径向柱塞泵的工作原理。这种泵采用轴配流方式，定子 3 与转子 1 偏心安装，在转子圆周径向排列的孔内装有可自由移动的柱塞 2。工作时转子 1 和柱塞 2 随传动轴 5 转动，同时柱塞在离心力或低压油的作用下压紧在定子内壁上。定子和转子间

具有偏心距 $e$，使得柱塞随转子转动的同时在柱塞孔内做往复运动，从而完成吸油和压油过程。转子每转一转，柱塞在缸孔内吸油、压油各一次。通过变量机构改变定子和转子间的偏心距 $e$，可改变泵的排量。径向柱塞变量泵一般都是沿水平方向移动定子来调节偏心距 $e$。

该泵的径向尺寸大，结构较复杂，自吸能力差。但它的容积效率和机械效率都比较高。

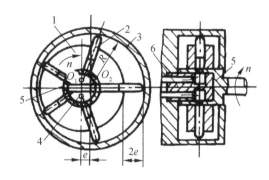

1—转子；2—柱塞；3—定子；4—油孔；5—传动轴；6—配流轴

图 3-10　径向柱塞泵的工作原理

### 3.1.5　液压泵的选用

在设计液压系统时，应根据工作压力、流量和使用工况及性能等要求合理选择液压泵。

液压泵的输出压力应是执行元件所需压力和管道、控制阀的压力损失之和。它不得超过泵的额定压力。强调安全性、可靠性时，还应留有较大余地。

液压泵的输出流量应包括执行元件所需流量(含溢流阀的最小溢流量)、各元件的泄漏量总和、电动机掉转(通常在 1 r/s 左右)引起的流量减小量、液压泵长期使用后效率降低引起的流量减小量(通常为 5%～7%)。

此外，在选择液压泵时还需综合考虑转速、定量或变量、变量方式、效率、寿命、噪声、经济性等因素。

一般在负载小、功率小的机械设备中，可用齿轮泵或双作用叶片泵；精度较高的机械设备(例如磨床)可用双作用叶片泵；负载较大并有快、慢速行程的机械设备(例如组合机床)可用限压式变量叶片泵；负载大、功率大的机械设备可使用柱塞泵；机械设备的辅助装置，如送料、夹紧等要求不太高的地方，可使用齿轮泵。

## 3.2　液压缸和液压马达

### 3.2.1　液压缸

液压缸是将油液的压力能转换为机械能的执行元件，它利用油液的压力能驱动机构实现直线往复运动。液压缸结构简单，工作可靠，在机械设备中得到了广泛应用。

（1）液压缸的类型

液压缸按结构可分为活塞式液压缸、柱塞式液压缸、摆动式液压缸和其他液压缸,常用液压缸的类型见表 3-2。

表 3-2　液压缸的类型

| 名称 | | | 图形 | 说明 |
|---|---|---|---|---|
| 活塞式液压缸 | 单出杆 | 单作用 | 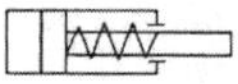 | 活塞单向作用,依靠弹簧使活塞复位 |
| | | 双作用 | 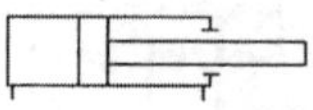 | 活塞双向作用,左、右移动速度不相等,差动连接时,可提高运动速度 |
| | 双出杆 | | 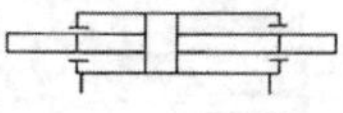 | 活塞左、右运动速度相等 |
| 柱塞式液压缸 | 单柱塞 | | 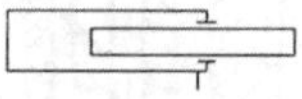 | 柱塞单向作用,依靠外力使柱塞返回 |
| | 双柱塞 | | 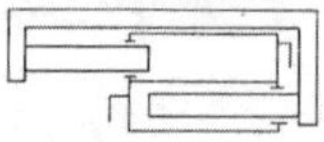 | 双柱塞双向作用 |
| 摆动式液压缸 | 单叶片 | | 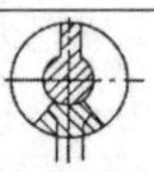 | 输出转轴摆动角度小于 360° |
| | 双叶片 | |  | 输出转轴摆动角度小于 180° |
| 其他液压缸 | 增力液压缸 | | 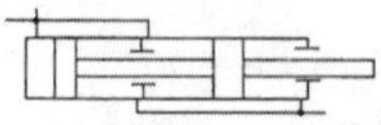 | 当液压缸直径受到限制而长度不受限制时,可获得大的推力 |
| | 增压液压缸 | | 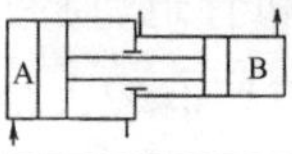 | 由两种不同直径的液压缸组成,可提高 B 腔中的液压力 |
| | 伸缩液压缸 | | 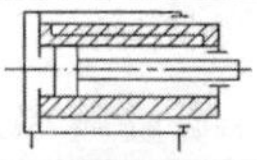 | 由两层或多层液压缸组成,可增加活塞行程 |
| | 多位液压缸 | | 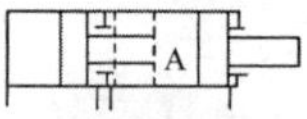 | 活塞 A 有三个确定的位置 |
| | 齿条液压缸 | | 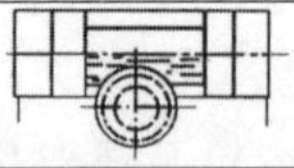 | 活塞经齿条传动小齿轮,使它产生回转运动 |

（2）活塞式液压缸

1）双出杆活塞式液压缸

图 3-11 所示为双出杆活塞式液压缸及其两种安装形式。当缸体固定时,其工作范围为有效行程的 3 倍;当活塞杆固定时,其工作范围为有效行程的 2 倍。前者用于小型设备,后者多用于大型装置。

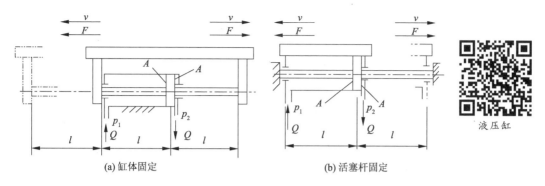

(a) 缸体固定　　　　　　　　　(b) 活塞杆固定

**图 3-11　双出杆活塞式液压缸**

双出杆活塞式液压缸两端的活塞杆直径通常是相等的,因此它的左、右两腔活塞的有效面积亦相等。当分别向两腔通入压力油时,如果压力、流量都相同,则液压缸左、右两个方向的推力和运动速度都相等,其推力和速度分别为

$$F=A(p_1-p_2)\eta_m=\frac{\pi}{4}(D^2-d^2)(p_1-p_2)\eta_m \tag{3-6}$$

$$v=\frac{q}{A}\eta_v=\frac{4q\eta_v}{\pi(D^2-d^2)} \tag{3-7}$$

式中:$A$ 为活塞有效工作面积;$D,d$ 分别为活塞、活塞杆的直径;$q$ 为输入液压缸的流量;$p_1,p_2$ 分别为进、回油腔的压力;$\eta_m,\eta_v$ 分别为液压缸的机械效率和容积效率。

双出杆液压缸由于两端都有活塞杆,在工作时可以使活塞杆受拉力而不受压力,因此活塞杆可以做得比较细。

2) 单出杆活塞式液压缸

由于单出杆活塞式液压缸左、右两腔的活塞有效工作面积 $A_1$ 和 $A_2$ 不相等,所以这种液压缸具有三种连接方式,如图 3-12 所示。在三种不同的连接方式中,即使输入液压缸油液的压力和流量相同,其输出的推力和速度大小也各不相同。

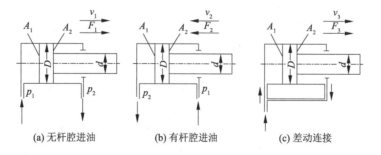

(a) 无杆腔进油　　　　　(b) 有杆腔进油　　　　　(c) 差动连接

**图 3-12　单出杆活塞式液压缸**

图 3-12a,b 两种情况的液压缸推力和速度计算公式如下:

$$F_1=(p_1A_1-p_2A_2)\eta_m=\left[p_1\frac{\pi}{4}D^2-p_2\frac{\pi}{4}(D^2-d^2)\right]\eta_m \tag{3-8}$$

$$F_2=(p_1A_2-p_2A_1)\eta_m=\left[p_1\frac{\pi}{4}(D^2-d^2)-p_2\frac{\pi}{4}D^2\right]\eta_m \tag{3-9}$$

$$v_1 = \frac{q}{A_1}\eta_v = \frac{4q\eta_v}{\pi D^2} \tag{3-10}$$

$$v_2 = \frac{q}{A_2}\eta_v = \frac{4q\eta_v}{\pi (D^2 - d^2)} \tag{3-11}$$

$v_2$ 与 $v_1$ 之比称为液压缸的速度比 $\lambda_v$，即

$$\lambda_v = \frac{v_2}{v_1} = \frac{1}{1 - \left(\frac{d}{D}\right)^2} \tag{3-12}$$

式(3-12)说明，活塞杆直径越小，$\lambda_v$ 越接近 1，活塞两个方向运动的速度差值也就越小。在液压缸的活塞往复运动速度有一定要求时，常根据 $\lambda_v$ 的要求以及缸内径 $D$ 来确定活塞杆直径 $d$。

单出杆液压缸的左、右两腔同时接通压力油(见图 3-12c)称为差动连接，该液压缸称为差动液压缸。由于差动液压缸左、右腔有效面积不相等，故活塞将向右运动，而且回油腔的油液也进入无杆腔，加快了活塞的运动速度。差动液压缸活塞推力 $F_3$ 和运动速度 $v_3$ 分别为

$$F_3 = p_1(A_1 - A_2)\eta_m = p_1 \frac{\pi}{4}d^2\eta_m \tag{3-13}$$

$$v_3 = \frac{4q}{\pi d^2}\eta_v \tag{3-14}$$

若要求液压缸快速伸出与快速退回的活塞运动速度相等，即 $v_3 = v_2$，则必须使 $D = \sqrt{2}d$。

活塞式液压缸内孔与活塞有配合要求，要有较高的精度，当缸体较长时，加工较为困难。

（3）柱塞式液压缸

柱塞式液压缸如图 3-13 所示。由于柱塞不与缸筒内壁接触，故缸孔不需要精加工，这大大简化了缸体加工与装配的工艺，所以特别适合于行程较长的场合。

柱塞缸只能单方向运动，反向要靠外力，如图 3-13a 所示。用两个柱塞缸组合，也可实现往复运动，如图 3-13b 所示。

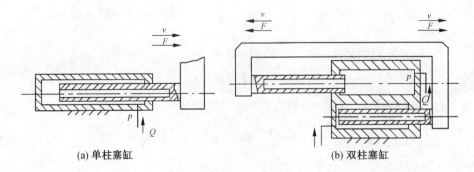

(a) 单柱塞缸　　　　(b) 双柱塞缸

图 3-13　柱塞式液压缸

柱塞缸输出的推力和速度分别为

$$F = pA\eta_{\mathrm{m}} = p\,\frac{\pi}{4}d^2\eta_{\mathrm{m}} \tag{3-15}$$

$$v = \frac{q\eta_{\mathrm{v}}}{A} = \frac{4q\eta_{\mathrm{v}}}{\pi d^2} \tag{3-16}$$

式中：$d$ 为柱塞直径。

（4）伸缩式液压缸

伸缩式液压缸由两个或多个活塞套装而成，前一级活塞缸的活塞杆是后一级活塞缸的缸筒，伸出时可获得很长的工作行程，缩回时可保持很小的结构尺寸。

图 3-14 所示为一种双作用式伸缩缸，在各级活塞依次伸出时，其有效面积逐级变化，输出的推力和速度分别为

$$F_i = p_1\,\frac{\pi}{4}D_i^2\eta_{\mathrm{m}i} \tag{3-17}$$

$$v_i = \frac{4q\eta_{\mathrm{v}i}}{\pi D_i^2} \tag{3-18}$$

式中：$i$ 为第 $i$ 级活塞缸。

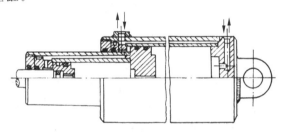

**图 3-14　伸缩式液压缸**

这种液压缸启动时，活塞的有效面积最大，因此输出推力也最大，随着行程逐级增长，推力逐级减小。这种推力的变化情况，正好与自动装卸车对推力的要求相吻合。

（5）数字液压缸

数字伺服步进液压缸（简称数字液压缸）作为一种高精度的液压执行元件，近年来的发展潜力越来越明显。数字液压缸的基本组成部分包括步进电机、四通换向阀、缸体和反馈机构等，其中，四通换向阀作为数字液压缸重要的控制元件，实现了数字液压缸液压系统的控制功能。图 3-15 所示为数字液压缸的结构示意图。

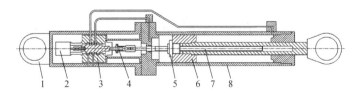

1—吊耳；2—步进电机；3—四通换向阀；4—螺杆螺母副；5—反馈螺母；6—活塞；7—滚珠丝杠；8—缸筒

**图 3-15　数字液压缸的结构示意图**

数字液压缸的具体工作原理如下:脉冲信号作用于数字液压缸,电机驱动器使步进电机2按照预期开始运动并带动四通换向阀3的阀芯同步旋转;由于阀芯右端螺杆螺母副4的存在,阀芯旋转的同时轴向移动导致阀口开启,高压油进入液压缸腔体后,推动活塞杆做直线运动;活塞杆运动之后,与之连成一体的反馈螺母5带动滚珠丝杠7旋转,最后经螺杆螺母副的作用旋转推动换向阀阀芯反向移动,直至阀口关闭,活塞杆运行至预期位置,实现位置负反馈。数字液压缸由于定位精度高、结构尺寸小、响应特性好、抗干扰能力强等优点,已被广泛应用于工程机械领域之中,具有很强的竞争力。

### 3.2.2 液压马达

液压马达将液压能转换为机械能,可实现连续旋转运动或摆动。

(1) 液压马达的工作原理

图 3-16 所示为轴向柱塞式液压马达的工作原理。它主要由斜盘1、缸体2、柱塞3、配油盘4和马达轴5等构成,斜盘1和配油盘4固定不动,柱塞3可在缸体2的柱塞孔内往复运动,斜盘与缸体中心线倾斜一个倾角 $\delta$。当压力油经配油盘的窗口进入缸体的柱塞孔时,位于高压腔的柱塞被顶出压在斜盘上,斜盘对柱塞的反作用力 $F$ 的垂直分力 $F_y$ 使缸体产生转矩,带动马达轴5转动。交换进、回油路,则马达的转向随之改变。

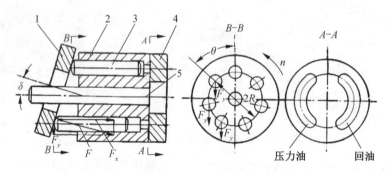

1—斜盘;2—缸体;3—柱塞;4—配油盘;5—马达轴

**图 3-16 轴向柱塞式液压马达的工作原理**

(2) 液压马达的输出转矩和转速

理论转矩为

$$T_t = \frac{1}{2\pi} \Delta p V \tag{3-19}$$

实际转矩为

$$T = \frac{1}{2\pi} \Delta p V \eta_m \tag{3-20}$$

实际转速为

$$n = \frac{q \eta_v}{V} \tag{3-21}$$

式中:$V$ 为液压马达的排量;$\Delta p$ 为液压马达进、出口压差,$\Delta p = p_1 - p_2$,其中 $p_1$,$p_2$ 分别

为液压马达进、出口压力；$\eta_\mathrm{m}$ 为液压马达的机械效率；$q$ 为液压马达的实际输入流量；$\eta_\mathrm{v}$ 为液压马达的容积效率。

（3）液压马达的分类和结构

液压马达与液压泵的结构基本相同，按结构分有齿轮式、叶片式和柱塞式等几种，按工作特性则可分为高速马达和低速马达两大类。

图 3-17 所示为轴向点接触柱塞式液压马达的典型结构。在缸体 7 和斜盘 2 之间装入圆周上均匀分布着推杆 10 的鼓轮 4，液压力经柱塞和推杆作用在斜盘上，斜盘的反作用力产生一个对轴 1 的转矩，迫使鼓轮分别通过传动键、传动销 6 带动马达轴和缸体旋转。缸体在弹簧 5 和柱塞孔内压力油的作用下压紧在配油盘 8 上。这种结构使缸体和柱塞只受轴向力，因而配油盘表面、柱塞和缸孔间的磨损均匀，而且缸体孔与马达轴的接触面较小，有一定的自位作用，使缸体和配油盘贴合良好，并能自动补偿磨损，减少了端面间的泄漏。

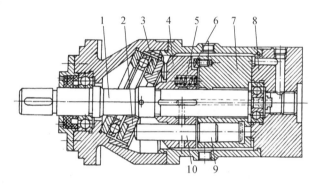

1—轴；2—斜盘；3—轴承；4—鼓轮；5—弹簧；6—传动销；7—缸体；8—配油盘；9—柱塞；10—推杆

**图 3-17　轴向点接触柱塞式液压马达的典型结构**

（4）低速液压马达

低速液压马达的基本形式是径向柱塞式，其输入油液压力高、排量大，可在 10 r/min 以下平稳运转，低速稳定性好，输出转矩大，可达几百到几千牛·米，故被称为低速大扭矩马达。

图 3-18 所示为连杆型径向柱塞式液压马达的结构原理图。在壳体 1 内有五个沿径向均匀分布的柱塞缸，柱塞 2 通过球铰与连杆 3 相连接，连杆的另一端与曲轴 4 的偏心轮外圆接触，配油轴 5 与曲轴用联轴节相连。

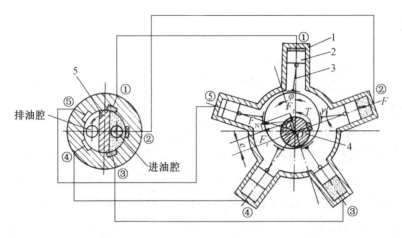

1—壳体；2—柱塞；3—连杆；4—曲轴；5—配油轴

**图 3-18　连杆型径向柱塞式液压马达的结构原理图**

压力油进入马达的进油腔后，通过壳体槽①、②、③进入相应的柱塞缸的顶部，作用在柱塞上的液压力 $F_N$ 通过连杆作用于偏心轮的中心 $O_1$，它的切向分力 $F_t$ 对曲轴中心形成转矩 $T$，使曲轴旋转。由于三个柱塞缸的位置不同，所以产生的转矩大小也不同。曲轴输出的总转矩等于与高压腔相通的柱塞所产生的转矩之和。此时柱塞缸④、⑤与排油腔相通，油液经配油轴流回油箱。曲轴旋转时带动配油轴同步旋转，因此，配流状态不断变化，从而保证曲轴连续旋转。若进、回油口互换，则液压马达反转，过程与以上相同。

这种马达结构简单，工作可靠，但体积和质量较大，转矩脉动较大，低速稳定性较差。

（5）摆线内啮合齿轮马达

摆线内啮合齿轮马达又称摆线转子马达（简称摆线马达），其与摆线内啮合齿轮泵的主要区别是外齿圈固定不动，成为定子。图 3-19 所示为摆线内啮合齿轮马达的工作原理。摆线转子 7 在啮合过程中，一方面绕自身轴线自转，另一方面绕定子 6 的轴线反向公转，其速比 $i=\dfrac{1}{Z_1}$，$Z_1$ 为摆线转子的齿数。摆线转子公转一周，每个齿间密封容积各完成一次进油和排油，同时摆线转子自转一个齿。所以摆线转子需要绕定子轴线公转 $Z_1$ 圈，才能使自身转动一周。因摆线转子公转一周，每个齿间密封容积完成一次进油和排油过程，其排量为 $q$，故由摆线转子带动输出轴转一周时的排量等于 $Z_1q$。在同等排量情况下，此种马达体积更小，质量更轻。

由于外齿圈固定而摆线转子既要自转又要公转，所以此马达的配油装置和输出机构也有其自身的特色。如图 3-19 所示，壳体 3 内有七个孔 c，经配油盘 5 上相应的七个孔接通定子的齿底容腔。配油轴与输出轴做成一体。在输出轴上有环形槽 a 和 b，分别与壳体上的进、出油口相通。轴上开设十二条纵向配油槽，其中六条与槽 a 相通，六条与槽 b 相通，它们在圆周上按高、低压相间布置，并和转子的位置保持严格的相位关系，使得半数（三个或四个）齿间容积与进油口相通，其余的与排油口相通。当进油口输入压力油时，转子在压力油的作用下,沿着使高压齿间容积扩大的方向转动。

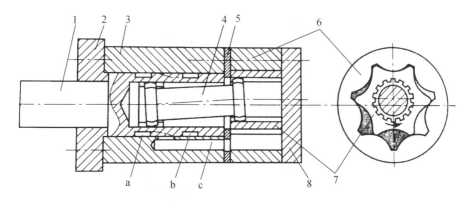

1—输出轴定子;2—前端盖转子;3—壳体;4—双球面花键联动轴;5—配油盘;

6—定子;7—摆线转子;8—后端盖

**图 3-19　摆线内啮合齿轮马达的工作原理**

转子的转动通过双球面花键联动轴 4 带动配油轴(也是输出轴)同步旋转,保证了配油槽与转子间严格的相位关系,使得转子在压力油的作用下能够带动输出轴不断地旋转。

图 3-20 所示为摆线马达的配油原理。

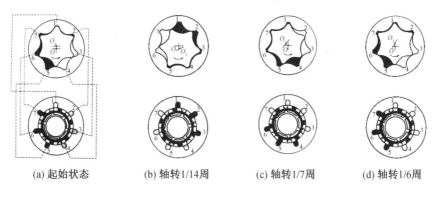

(a) 起始状态　　　(b) 轴转1/14周　　　(c) 轴转1/7周　　　(d) 轴转1/6周

**图 3-20　摆线马达的配油原理**

上述轴配油式摆线马达的主要缺点是效率低,最高工作压力在 8～12 MPa。而采用端面配油方式的摆线马达,其容积效率有所提高,最高工作压力达 21 MPa,具体结构如图 3-21 所示,其中转子转动时通过右双球面花键联动轴 3 带动配油盘 4 同步旋转,实现端面配油。

(6) 液压马达的选用

选用液压马达时要考虑工作压力、转速范围、运行转矩、效率及安装条件等因素。液压马达的种类很多,应根据具体用途合理选择。齿轮马达、叶片马达和柱塞马达在效率、输出转矩和转速的脉动性以及对油液污染的敏感性等方面,分别与其对应结构型式的液压泵相同,选用时可参考有关液压泵的选用原则。

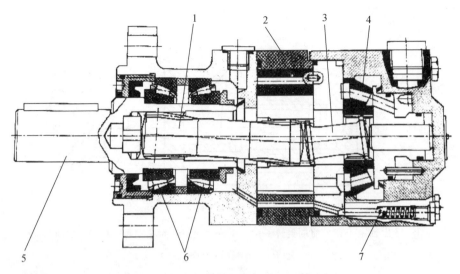

1—左双球面花键联动轴;2—定子;3—右双球面花键联动轴;4—配油盘;5—输出轴;6—轴承;7—单向阀

**图 3-21 端面配油式摆线马达的结构**

## 3.3 液压控制元件

液压控制元件主要指各类控制阀,它们在液压系统中起控制调节作用,可对油液的压力、流量及流动方向进行控制调节,以满足工作部件输出力、速度及运动方向的要求。根据用途不同,控制阀可分为方向控制阀、压力控制阀和流量控制阀;根据操纵动力可分为手动、机动、电动、液动、气动及电液动等;根据连接方式可分为管式、板式、法兰式和集成块式等。

各类控制阀所具有的共性:由阀体、阀芯和控制动力三大部分组成;利用阀芯和阀体的相对位移来控制流向、压力和流量;液体流过时会产生压力降低和温度升高等现象。

对控制阀的要求:动作灵敏、准确、可靠,工作平稳,冲击和振动小;密封性好,压力损失小;结构紧凑,工艺性好,使用维护方便,通用性好。

### 3.3.1 方向控制阀

方向控制阀主要起控制油液流动方向的作用。方向控制阀可分为单向阀和换向阀两类。

(1)单向阀

液压技术中常用的单向阀有普通单向阀和液控单向阀两种。

1)普通单向阀

普通单向阀使油液只能沿一个方向流动,不能反向倒流。图 3-22 所示为一种管式普通单向阀的结构。压力油从 $P_1$ 口流入时,打开阀口,油液经阀芯上的径向孔 a、轴向孔 b 从 $P_2$ 口流出。当压力油从 $P_2$ 口流入时,阀口被关闭,油路不通。图 3-22b 为单向阀的图形符号。

普通单向阀要求正向流动阻力小,反向密封良好;动作灵敏,无撞击和噪声。

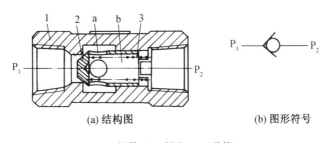

(a)结构图　　　　　(b)图形符号

1—阀体;2—阀芯;3—弹簧

**图 3-22　管式普通单向阀**

2)液控单向阀

液控单向阀油液不仅能正向流过,当需要时还能反向通过。液控单向阀有普通型和带卸荷阀芯型两种,控制活塞泄油腔的泄油方式有内泄式和外泄式两种。图 3-23 所示为普通型外泄式液控单向阀,当控制口 K 无控制压力时,则与普通单向阀相同;当控制口 K 有控制压力油,且控制活塞 1 上的液压力大于使阀芯 3 关闭的作用力时,控制活塞经推杆 2 打开阀口,使 $P_1$ 口和 $P_2$ 口连通,油液便可在两个方向自由流动。这种结构在反向开启时的控制压力较小。

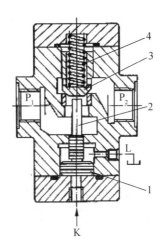

1—控制活塞;2—推杆;3—阀芯;4—弹簧

**图 3-23　普通型外泄式液控单向阀**

在高压系统中,由于 $P_2$ 口的压力很高,致使控制压力也较高,当阀口打开时,高压油的压力突然释放,将产生很大的冲击和噪声,此时采用如图 3-24 所示的带卸荷阀芯的液控单向阀可避免该现象并减小控制压力。反向开启时,控制活塞先顶开卸荷阀芯,使 $P_2$ 腔的压力降到一定程度后,再顶开单向阀芯实现反向通流。

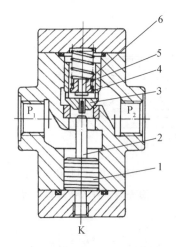

1—控制活塞;2—推杆;3—阀芯;4—弹簧座;5—弹簧;6—卸荷阀芯

**图 3-24  带卸荷阀芯的液控单向阀(内泄式)**

液控单向阀主要用于液压缸的锁闭、立式液压缸的支承和起保压作用等。

(2)换向阀

1)换向阀的工作原理

换向阀通过阀芯和阀体间相对位置的改变,使液流的通路接通、关闭或变换流动方向,从而使执行元件启动、停止或变换运动方向。

图 3-25 所示为滑阀式换向阀的主体结构、工作原理和图形符号。当阀芯处于左(右)位时,P 口与 B(A)口相通,压力油自 P 口经阀腔至 B(A)口流出,同时 A(B)口与 O 口相通,回油经 A(B)口、O 口流回油箱。若 A,B 油口分别接液压缸的两腔,则可实现液压缸活塞的往复运动。

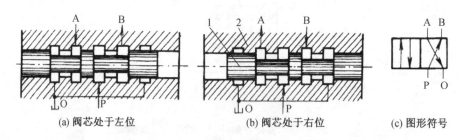

(a) 阀芯处于左位          (b) 阀芯处于右位          (c) 图形符号

1—阀芯;2—阀体

**图 3-25  滑阀式换向阀的主体结构、工作原理和图形符号**

2)换向阀的主体结构

换向阀的功能主要由其控制的通路数及工作位置所决定。阀上的主流口称为"通",阀芯与阀体间的相对位置称为"位",上述换向阀就称为二位四通换向阀。图 3-25c 为上述换向阀的图形符号,其中每一方块表示一个"位",有向线段表示油口的连通状态,方块外的短线及字母 P,A,B,O 表示阀上与外油路连接的主油口。通常 P 为压力油口,A 和 B 为工作油口,O 为回油口。常用的换向阀有二位二通、三通、四通、五通,三位四通、五通等。

3）滑阀的操纵方式

滑阀的操纵方式是指驱动阀芯产生位移,从而改变阀芯与阀体间的相对位置,实现各油口间不同连通状态的操纵力的方式。常见的操纵方式有手动、机动、电磁动、液动和电液动等。

4）滑阀机能

三位换向阀的阀芯在中间位置时,各油口间的连通方式称为换向阀的滑阀机能。换向阀的滑阀机能可满足不同的使用要求。三位换向阀常见的滑阀机能、符号及其特点如表 3-3 所示。阀体尺寸保持不变,仅改变阀芯的形状和尺寸即可得到不同的滑阀机能。

表 3-3　常用三位换向阀的滑阀机能

| 滑阀机能 | 滑阀状态 | 中位符号 | | 特点及应用 |
|---|---|---|---|---|
| | | 四通 | 五通 | |
| O | | | | 四口(五口)全封闭,系统不卸载,液压缸闭锁,可用于多个换向阀并联工作 |
| H | | | | 四口(五口)全开启,系统卸载,液压缸处于浮动状态,可用于液压泵卸荷 |
| Y | | | | P 口封闭,其余三口(四口)相通,液压缸泄压浮动,系统不卸载 |
| J | | | | P,A 封闭不通,B,O 相通,液压缸活塞可向一边浮动,系统不卸载 |
| C | | | | P,A 相通,B,O 封闭不通,液压缸活塞停止不动 |
| P | | | | P,A,B 相通,液压缸活塞中位加压,O 口封闭,可构成差动回路 |
| K | | | | P,A,O 相通,B 口封闭,液压缸闭锁,液压泵卸荷 |
| M | | | | P,O 相通,A,B 封闭,液压缸闭锁,液压泵卸荷,可用于并联工作 |

5）换向阀结构举例

图 3-26 所示为三位四通手动换向阀。图 3-26a 为弹簧自动复位结构,松开手柄,阀芯靠弹簧力恢复至中位,适用于动作频繁、持续工作时间较短的场合。图 3-26b 为弹簧钢球定位结构,松开手柄后,阀芯仍保持在所需的工作位置上,适用于需保持工作状态时间较长的情况。

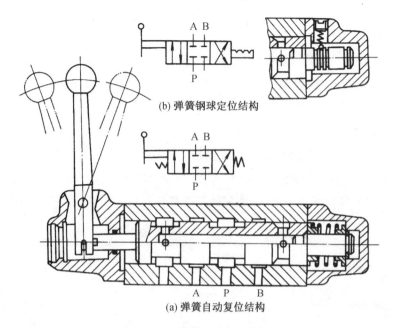

(b) 弹簧钢球定位结构

(a) 弹簧自动复位结构

图 3-26　手动换向阀（三位四通）

图 3-27 所示为二位三通电磁换向阀。电磁换向阀通过电磁铁吸力推动阀芯动作，从而实现液流的通断或改变流向。这类阀操纵方便，布置灵活，易于实现自动化，应用最广。由于电磁铁的吸力有限，这类阀不适用于大流量场合。

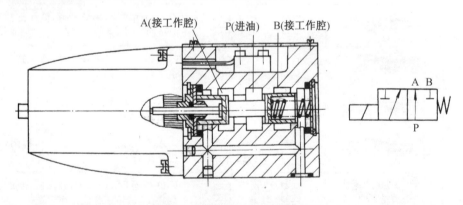

图 3-27　电磁换向阀（二位三通）

图 3-28 所示为电液换向阀的结构原理。它由电磁换向阀（先导阀）和液动换向阀（主阀）组合而成，集中了电磁阀操纵方便和液动阀操纵力大的优点。由图可见，当两个电磁铁都不通电时，电磁阀阀芯 4 处于中位，液动阀阀芯 8 因两端都接油箱也处于中位。当电磁铁 3 通电时，电磁阀阀芯移向右位，压力油经单向阀 1 接通主阀芯的左端，其右端的油则经节流阀 6 和电磁阀流回油箱，于是主阀芯右移，移动速度由节流阀 6 调节。同理，当电磁铁 5 通电时，电液换向阀反向换向。

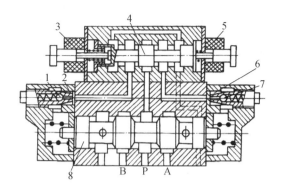

1,7—单向阀;2,6—节流阀;3,5—电磁铁;4—电磁阀阀芯(导阀芯);8—液动阀阀芯(主阀芯)

**图 3-28　电液换向阀的结构原理**

在电液换向阀中,其主阀芯上的操纵力大,而且换向速度可调节,从而使执行元件能够平稳无冲击地换向。所以,电液换向阀的换向性能较好,适用于高压、大流量的场合。

转阀可用手动或机动操纵。由于转阀径向力不平衡,旋转阀芯所需操纵力较大,且其密封性能较差,所以一般用于低压、小流量的场合,或作先导阀用。

6) 对换向阀的要求

对换向阀的主要要求是压力损失小、不相通油口间的泄漏小、换向平稳、迅速可靠。

### 3.3.2　压力控制阀

压力控制阀用以控制和调节液压系统的油液压力,或以油液压力为信号控制动作,它们都是利用液压力与弹簧力相平衡的原理工作的。压力控制阀按所起的具体作用不同可分为溢流阀、减压阀、顺序阀和压力继电器等。

(1) 溢流阀

1) 结构形式与工作原理

溢流阀有直动式和先导式两种。

① 直动式溢流阀

图 3-29 所示为直动式溢流阀的结构及其图形符号。压力油从 P 口进入阀腔后,经孔 f 和阻尼孔 g 后作用在阀芯 4 的底面 c 上。当进口压力较低,作用于阀芯底面上的液压力小于弹簧 2 的预紧力时,阀芯位于最下端位置,阀口关闭,P 口和 O 口隔断。当进口 P 处压力升高至作用于阀芯底面上的液压力大于弹簧的预紧力时,阀芯上移,阀口开启,P 口和 O 口接通,油液溢流回油箱。此时,进口压力与弹簧力相平衡,使进口压力基本保持恒定。

泄油口 L 可避免弹簧腔液体压力对阀芯运动的干扰。当回油口 O 与弹簧腔由孔 e 相通、L 口堵塞时,称为内泄。内泄时回油口 O 的背压将作用在阀芯上端面上,这时与弹簧力相平衡的将是进、出油口压差。

直动式溢流阀当压力较高、流量较大时,调压弹簧的力要求很大,使其调节困难、调压性能变差,故其一般用于低压、小流量的场合,目前已较少使用。

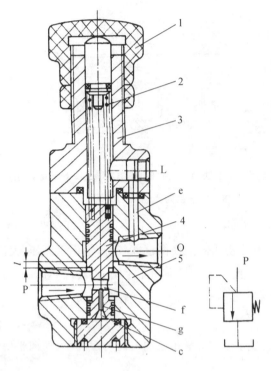

溢流阀

1—调节螺母;2—弹簧;3—上盖;4—阀芯;5—阀体

**图 3-29　直动式溢流阀**

② 先导式溢流阀

先导式溢流阀的结构与工作原理如图 3-30 所示,它主要由主阀芯 1、主阀弹簧 14、阀体 15 和先导阀 6 等构成。先导阀 6 相当于一个小型直动式溢流阀。先导阀多采用座阀结构,而主阀可采用锥形座式或滑套式结构。

压力油进入溢流阀直接作用在主阀芯 1 上,同时经过阻尼孔 2,3 及控制流道作用在主阀芯 1 的上端面和先导阀 6 的阀芯上。当系统压力 $p$ 低于调压弹簧 8 的调定值时,先导阀 6 关闭,阻尼孔 2 无油液流过,此时主阀芯 1 两端所受液压力相等,主阀芯在弹簧 14 的作用下将阀口关闭,P、O 两口不通。当系统压力 $p$ 高于调压弹簧 8 的调定值时,先导阀 6 打开,少量控制油经阻尼孔 2、流道 4、先导阀 6 和流道 10 流回油箱,该控制油将在阻尼孔 2 两端产生压降,使主阀芯 1 两端液压力不平衡,当此不平衡力超过弹簧 14 的作用力时,主阀口打开,接通 P、O 两口,实现溢流。

外控口 K 通过流道 4 和 5、阻尼孔 3 与主阀芯 1 的弹簧腔相通,在外控口 K 处接通控制油路,即可对溢流阀进行远程调压或卸荷。

先导式溢流阀的主阀弹簧 14 比较软,刚度很小,对系统的压力影响较小。先导阀 6 的结构尺寸较小,其锥阀的承压面积亦较小,调压弹簧 8 的刚度可较小,因而调节压力比较轻便。阻尼孔 3 可增加主阀芯上下移动的阻尼,从而防止主阀芯振动。

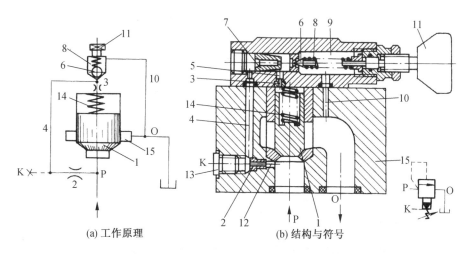

(a) 工作原理　　　　(b) 结构与符号

1—主阀芯；2—阻尼孔；3—主阀运动阻尼孔；4,5,10,12—流道；6,9—先导阀；7—防振套；
8—调压弹簧；11—调压手轮；13—螺堵；14—主阀弹簧；15—阀体

**图 3-30　先导式溢流阀的结构和工作原理**

2）溢流阀的特性

当溢流阀稳定工作时，作用在阀芯上的力是平衡的。以图 3-31 为例，当该阀稳定工作时，先导阀阀芯上的力平衡方程式为

$$p_y'A = F_s + F_f + F_w \tag{3-22}$$

式中：$p_y'$ 为导阀进口压力；$A$ 为导阀承压面积；$F_s$ 为弹簧力，$F_s = k_s(x_0 + x_R)$；$k_s$ 为导阀弹簧刚度；$x_0, x_R$ 分别为导阀弹簧预压缩量和导阀开口量；$F_f$ 为摩擦力；$F_w$ 为作用于导阀阀芯上的稳态液动力。

若忽略摩擦力和稳态液动力，则有

$$p_y' = \frac{F_s}{A} \tag{3-23}$$

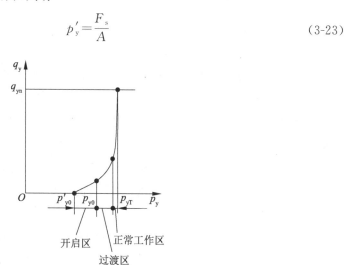

$p_{y0}'$—导阀开启压力；$p_{y0}$—主阀开启压力；$p_{yT}$—溢流阀调定压力

**图 3-31　先导式溢流阀流量-压力特性曲线**

若弹簧力 $F_s$ 变化很小,则导阀进口压力基本维持由弹簧调定的定值。

主阀阀芯上的力平衡方程式为

$$(p_y - p'_y)A_z = F_{zs} + F_{zf} + F_{zw} \tag{3-24}$$

式中:$p_y$ 为主阀进口压力;$A_z$ 为主阀阀芯面积;$F_{zs}$,$F_{zf}$,$F_{zw}$ 分别为作用于主阀阀芯上的弹簧力、摩擦力和稳态液动力。

同样,若忽略摩擦力和稳态液动力,则有

$$p_y - p'_y = \frac{F_{zs}}{A_z} \tag{3-25}$$

由于 $p'_y$ 基本维持恒定,而主阀弹簧刚度较小,当溢流流量变化引起主阀开口变化时,所引起的弹簧力的变化较小,所以主阀进口压力 $p_y$ 基本恒定。

对于先导式溢流阀,随着流经导阀的流量逐渐增加,阻尼孔 2 两端产生的压差逐渐增大,从而作用于主阀芯两端的压差随之由小变大,使主阀从关闭到开始打开最后到完全打开,溢流阀工作也由仅有导阀起作用到主阀与导阀共同起作用直至以主阀为主起作用,所以其特性分为开启区、过渡区和正常工作区,如图 3-31 所示。

对溢流阀的要求是调压范围大、调压偏差小、压力振摆小、动作灵敏、过流能力大、噪声小。

溢流阀在系统中主要用于稳压溢流(溢流阀)、过载保护(安全阀)、提供背压(背压阀)和远程调压或使泵卸荷等。

(2) 减压阀

减压阀主要使液压系统中某分支油路的工作压力低于泵的供油压力,并保持减压阀后的压力恒定。这种减压阀称为定值减压阀。

减压阀有直动式与先导式两种。直动式减压阀的工作原理与直动式溢流阀基本相同,所不同的是减压阀控制的是出口压力,而且在不减压的常态下阀口是全开的,减压时反而关小,并且关得越小,减压量越大。

图 3-32 所示为先导式减压阀的结构和工作原理,减压阀不工作时减压口处于全开状态。压力为 $p_1$ 的进油经减压口从出口流出,其出口压力为 $p_2$。出口压力经阻尼孔 2 作用在先导阀上,当其达到导阀的调定压力时,导阀开启,则有一控制流量流经阻尼孔 2,产生压差。该压差作用于主阀芯的两端,当该压差大于主阀弹簧预紧力时,主阀芯上移,关小阀口,使压力 $p_1$ 降到 $p_2$。流经阻尼孔的流量越大,主阀芯所受的不平衡力越大,减压口关得越小,减压作用越明显。所以,减压口的大小可由主阀芯自动调节,从而保持出口压力 $p_2$ 恒定。

由减压阀的工作原理可知,当减压阀的出口压力 $p_2$ 小于导阀的调定压力时,导阀关闭,阻尼孔 2 中没有流量流过,减压口全开,不起减压作用,这时减压阀相当于一通路。当减压阀的出口压力 $p_2$ 大于导阀的调定压力时,减压阀才工作,并维持出口压力 $p_2$ 恒定。可见,先导式减压阀输出压力的公称值由导阀调定,将输出压力稳定在公称值附近由主阀完成。所以,主阀组件既是输出信号与给定信号的比较元件,又是控制减压口大小的控制元件。

对减压阀的要求是出口压力维持恒定,不受进口压力、通过流量大小的影响。

减压阀主要用于系统的夹紧、电液动换向阀的控制压力油、润滑等回路中。

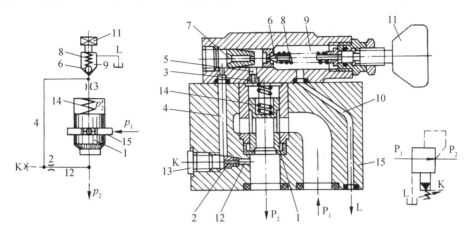

1—主阀芯;2—阻尼孔;3—主阀运动阻尼孔;4,5,12—流道;6—先导阀芯;7—防振套;8—调压弹簧;
9—导阀弹簧腔;10—泄油流道;11—手柄;13—外控口;14—主阀复位弹簧;15—阀体

**图 3-32　先导式减压阀的结构和工作原理**

(3) 顺序阀

顺序阀主要用于控制多个执行元件的顺序动作,也可以用作背压阀、平衡阀或卸荷阀等。顺序阀也有直动式和先导式之分;根据控制方式不同,还有内控式和外控式之分;根据泄油方式不同,还有内泄式和外泄式之分。

图 3-33 所示为直动式顺序阀的结构和工作原理。液压泵启动后,压力油克服液压缸 Ⅰ 的负载使其先运动。当 $P_1$ 口压力作用于柱塞面积 $A$ 上的液压力超过弹簧预紧力时,阀芯上移,使 $P_1$ 口和 $P_2$ 口接通。压力油经顺序阀口后克服液压缸 Ⅱ 的负载使活塞运动。这样就利用顺序阀实现了液压缸 Ⅰ 和 Ⅱ 的顺序动作。若将图 3-33a 的下部阀盖转动 180°,并将外控口 K 的螺堵卸去,便成为外控式。为减小弹簧刚度以使阀开启后进、出口压力尽可能接近,该阀采用截面积较小的柱塞面积 $A$。阀芯中空以使泄漏油经弹簧腔外泄。

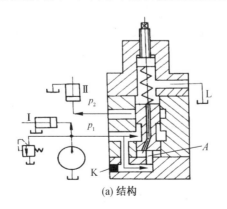

(a) 结构

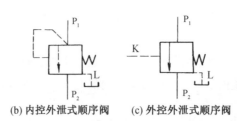

(b) 内控外泄式顺序阀   (c) 外控外泄式顺序阀

**图 3-33 直动式顺序阀的结构和工作原理**

顺序阀的结构与溢流阀相似,差别在于顺序阀的出口接负载油路,而溢流阀的出口接回油箱,因此顺序阀弹簧腔的泄漏油和先导控制油必须外泄,而溢流阀则既可内泄也可外泄。再者,溢流阀的进口压力是限定的,而顺序阀开启后其进口压力取决于负载。

直动式顺序阀的结构简单,动作灵敏,但弹簧刚度较大,使得调压偏差大且限制了压力的提高,调压范围一般小于 8 MPa,压力较高时宜采用先导式顺序阀。

图 3-34 所示为内控先导式顺序阀的结构,将盖板 3 转动 180°,并卸去螺堵,便成为外控式,其先导控制油必须经 L 口外泄。采用先导控制后,其启闭特性和工作压力均显著提高。

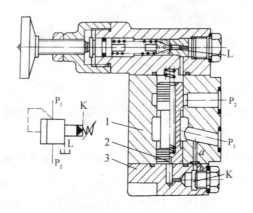

1—阀体;2—阀芯;3—盖板

**图 3-34 内控先导式顺序阀的结构**

顺序阀的主要性能与溢流阀相似。另外,为了使执行元件准确地实现顺序动作,要求阀的调压偏差小;当阀关闭时,为避免引起误动作,各密封部位的内泄漏应尽可能小。

顺序阀在液压系统中主要用于控制多个执行元件的顺序动作、与单向阀组成平衡阀、控制双泵供油系统中的大流量泵卸荷及产生背压等。

（4）压力继电器

压力继电器是一种液电信号转换元件。它在油液压力达到其设定值时发出电信号,控制电气元件产生预定动作,如实现泵的加载或卸荷、系统的安全保护、执行元件的顺序动作等功能,从而实现液压系统的程序自动控制。

图 3-35 所示为柱塞式压力继电器的结构与图形符号。当油液压力达到压力继电器的设定值时,作用在柱塞 1 上的力通过顶杆 2 合上微动开关 4,发出电信号。

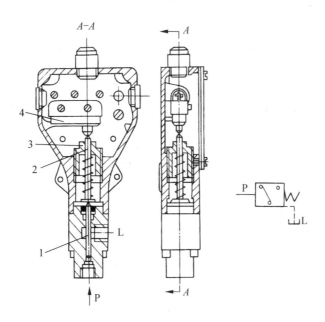

1—柱塞;2—顶杆;3—调节螺钉;4—微动开关

**图 3-35　柱塞式压力继电器的结构与图形符号**

### 3.3.3　流量控制阀

流量控制阀通过改变通流面积的大小来控制通过流量的多少,从而实现执行元件运动速度的调节。常用的流量控制阀有普通节流阀、调速阀等。

流量控制阀应满足具有足够的调节范围和调节精度、能保证稳定的最小流量、温度和压力变化对流量的影响小、调节方便、泄漏小等要求。

(1)节流阀口的流量特性

节流阀的流量特性取决于节流口的结构形式,节流口的形式如图 3-36 所示。图 3-36a,b,c 所示节流口结构简单,制造方便,但易堵塞,适用于要求不高的场合;图 3-36d,e 所示节流口接近于薄壁小孔,流道短,不易堵塞,性能较优,多用于精度高、低速稳定性较好的系统。

一般液体流过节流口的流量与节流口的截面积、节流口的前后压差等有关,其流量特性常用式(3-26)来描述:

$$q_{\mathrm{T}} = CA_{\mathrm{T}}(p_1 - p_2)^{\varphi} = CA_{\mathrm{T}}\Delta p_{\mathrm{T}}^{\varphi} \tag{3-26}$$

式中:$C$ 为由节流口形状、液体流态、油液性质等因素决定的系数,由实验确定;$A_{\mathrm{T}}$ 为节流口几何开口面积;$\Delta p_{\mathrm{T}}$ 为阀口压降;$\varphi$ 为由节流口形式决定的节流阀指数,$\varphi = 0.5 \sim 1.0$,由实验求得。当为薄壁孔时,$\varphi$ 可取 0.5。

由式(3-26)可见,通过节流口的流量与 $A_{\mathrm{T}}$ 和 $\Delta p_{\mathrm{T}}$ 有关。

温度对流量的稳定性具有一定的影响,温度的变化将引起液体黏度的变化,从而引起系数 $C$ 变化,导致液体流量发生变化。

流量阀的最小稳定流量主要受阀口阻塞的影响,阀口阻塞是油液中的杂质、油液高温氧化后析出的胶质以及极化分子等附着在节流口表面所致。凡有较大水力半径的阀口都具有较小的最小稳定流量。选择化学稳定性和抗氧化稳定性好的油液,精细过滤,定期换油等都有助于防止阻塞,降低最小稳定流量。

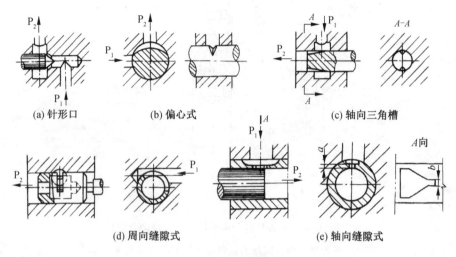

(a) 针形口　　(b) 偏心式　　(c) 轴向三角槽

(d) 周向缝隙式　　　　(e) 轴向缝隙式

图 3-36　节流口形式

(2) 节流阀

图 3-37 所示的节流阀,可通过旋转阀芯 3 使其在螺母 1 中上下移动,从而调节节流口面积的大小。采用三角槽结构的阀口可提高分辨率,使调节的精确性提高。

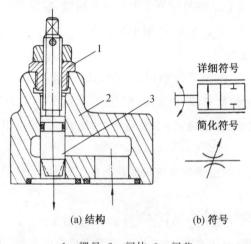

详细符号

简化符号

(a) 结构　　(b) 符号

1—螺母;2—阀体;3—阀芯

图 3-37　节流阀

节流阀在液压系统中主要与定量泵、溢流阀及执行元件等构成调速系统,调节其开口大小便可调节执行元件的运动速度大小。

在由节流阀、定量泵、溢流阀构成的调速系统中,节流阀的进口压力 $p_1$ 由溢流阀调定并保持恒定,出口压力 $p_2$ 则取决于外负载 $F$。因此,当外负载 $F$ 变化时,节流阀的进出

口压差 $p_1 - p_2$ 将随之发生变化,导致通过节流阀的流量发生变化,从而使执行元件的速度随负载而变化。

（3）调速阀

图 3-38 所示为用调速阀进行调速的工作原理图。它由定差式减压阀和节流阀串联而成,油液先经过减压阀将压力降到 $p_2$,再利用减压阀阀芯的自动调节作用,使节流阀前后压差 $\Delta p = p_2 - p_3$ 基本保持不变。

减压阀阀芯两端分别与节流阀前后油腔相通,节流阀两端的压力分别作用于减压阀阀芯两端并与减压阀的弹簧力相平衡。当调速阀两端的压差变化时,减压阀阀芯上的力失去平衡,阀芯位置发生变化,减压阀开口大小随之变化,使 $p_2$ 发生相应的变化,从而保持节流阀前后的压差 $p_2 - p_3$ 不变,使通过调速阀的流量恒定不变,保持活塞运动速度的稳定。

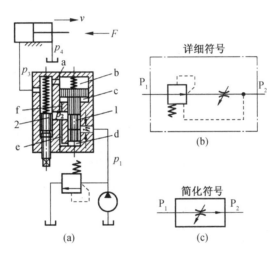

图 3-38　调速阀

根据调速阀的工作原理,若在安装过程中将调速阀的进出口装反,则作用于减压阀阀芯两端的液压力与弹簧力方向一致,减压阀阀口始终保持全开状态而失去调节作用,此时调速阀仅相当于节流阀。

调速阀用于液压系统中执行元件负载变化大而运动速度要求稳定的调速回路。

（4）流量阀的流量-压差特性

由式(3-26)可知,若节流阀的节流口采用薄壁孔,则流过节流阀的流量与其两端的压差呈抛物线关系,如图 3-39 所示。

对于调速阀,当阀两端的压差 $p_1 - p_2$ 较小时,作用于减压阀阀芯两端的压差还不足以克服弹簧力使减压阀进行调节,此时仅相当于节流阀,其特性与节流阀特性一致。当调速阀两端的压差 $p_1 - p_2$ 大于一定值时,减压阀开始起调节作用,此时流过调速阀的流量基本维持恒定,如图 3-39 所示。所以,在使用调速阀时,必须使调速阀上的实际压差始终大于调速阀正常工作的最小压差。一般中低压系列的调速阀最小压差为 0.5 MPa,中高压系列的为 1.0 MPa 或更大。

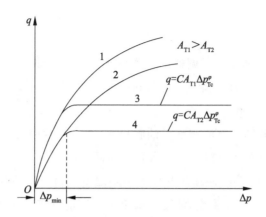

1,2—节流阀特性;3,4—调速阀特性

**图 3-39　节流阀与调速阀的流量-压差特性**

### 3.3.4　比例阀

比例阀主要分为比例压力控制阀、比例流量控制阀和比例方向控制阀。

（1）比例压力控制阀

1）比例溢流阀

比例溢流阀比普通溢流阀具有更强大的功能:可连续调节系统压力,根据不同的工况改变系统压力起到节能的效果;控制信号为零即可卸荷。

① 直动式比例溢流阀

直动式比例溢流阀属于单级控制比例压力阀,主要有如下类型:带力控制型比例电磁铁的直动式比例溢流阀、带行程控制型比例电磁铁的直动式比例溢流阀、带位置调节型比例电磁铁的直动式比例溢流阀等。图 3-40 所示为带行程控制型比例电磁铁的直动式比例溢流阀的典型结构。

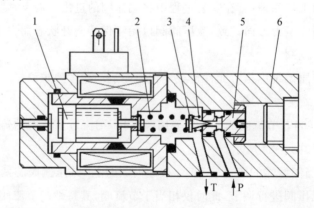

1—衔铁;2—传力弹簧;3—锥阀芯;4—弹簧;5—阀座;6—阀体

**图 3-40　带行程控制型比例电磁铁的直动式比例溢流阀的典型结构**

这是直动式比例压力阀最基本的结构。由图 3-40 可知,该阀使用比例电磁铁代替普通溢流阀的手柄,弹簧 2 是传力弹簧,只起到传力作用。锥阀芯与阀座间的弹簧 4 用来防止阀芯与阀座撞击。当输入控制信号时,衔铁 1 带动推杆传力至弹簧 2,将电磁铁产生的电磁力作用在锥阀芯 3 上,与作用在锥阀上的液压力相比较。当液压力大于弹簧力时,阀口打开,实现溢流。由于阀的开口量变化较小,因此,传力弹簧的变形量也很小。若忽略液动力的影响,则可认为在平衡条件下这种直动式比例压力阀所控制的压力与比例电磁铁输出的电磁力成正比,即与输入控制信号成正比。

② 先导式比例溢流阀

先导式比例溢流阀由主阀和先导阀构成,在普通溢流阀的基础上,将手动调节更换为比例电磁铁调节,其比例电磁铁有力控制型比例电磁铁、行程控制型比例电磁铁和位置调节型比例电磁铁。力控制型比例电磁铁的行程短,只有 1.5 mm,输出力与输入电流成正比;行程控制型比例电磁铁由力控制型比例电磁铁加负载弹簧组成,电磁铁输出的力通过弹簧转换成输出位移,输出位移与输入电流成正比,工作行程达 3 mm,线性度好;位置调节型比例电磁铁衔铁的位置由阀内的传感器检测后,发出一个反馈信号,在阀内进行比较后重新调节衔铁的位置,形成闭环控制,精度高,衔铁的位置与力无关。

带力控制型比例电磁铁的先导式比例溢流阀如图 3-41 所示。

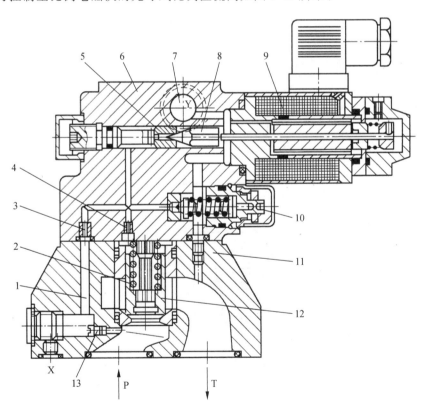

1—先导油流道；2—主阀弹簧；3,4—节流孔；5—先导阀座；6—先导阀；7—外泄口；8—先导阀芯；
9—比例电磁铁；10—手调限压口；11—主阀级；12—主阀芯；13—内部先导油口螺塞

**图 3-41　带力控制型比例电磁铁的先导式比例溢流阀**

在电控器中给定一个输入电流,就有一个与之成比例的电磁力作用在先导阀芯 8 上,从而产生一个与输入电流成比例的调节压力。由阀口 P 来的压力,作用于主阀芯 12 上。同时,系统压力通过内部先导油口螺塞 13、先导油流道 1、节流孔 3 和 4,作用在主阀芯 12 的弹簧腔上,并通过节流通道作用在先导阀芯 8 上与比例电磁铁 9 的电磁力相比较。当系统压力超过相应电磁力的设定值时,先导阀 6 打开,控制油经 Y 通道流回油箱。由于控制回路中节流通道的作用,主阀芯 12 上下两端产生压力差,使主阀芯抬起,打开 P 到 T 的阀口。为在电气或液压系统发生意外故障时确保系统的安全,可选配一个手调限压阀 10 作为安全阀,它同时也可作为泵的安全阀。在调节安全阀的压力时,必须注意它与比例电磁铁可调的最大压力的差值,此安全阀应仅对压力峰值产生响应。作为参考,这个差值可取为最大工作压力的 10% 左右。

2）比例减压阀

比例减压阀（定值控制）的功能是降压和稳压,并提供压力随输入电信号变化的恒压源。比例溢流阀与定量泵并联,构成恒压源,减压阀串接在恒压源与负载之间,向负载提供大小可调的恒定工作压力。

① 直动式比例减压阀

直动式比例减压阀为三通结构,分单作用（一个比例电磁铁）控制和双作用（两个比例电磁铁）控制。

单作用直动式三通比例减压阀如图 3-42 所示,P 口接恒压源,A 口接负载,T 口通油箱。

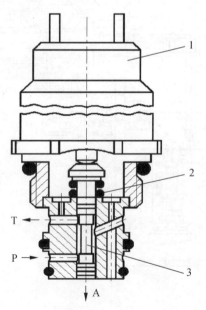

1—比例电磁铁；2—传力弹簧；3—阀芯

**图 3-42　单作用直动式三通比例减压阀**

三通减压阀正向流通（P→A）时为减压阀功能,反向流通（A→T）时为溢流阀功能。

三通减压阀的输出压力作用在反馈面积上与输入指令力进行比较,自动启闭 P→A 口或 A→T 口,维持输出压力稳定。

双作用直动式三通比例减压阀如图 3-43 所示。它主要由两个比例电磁铁 4 和 6、阀芯 2、测压柱塞 1 和 3 及阀体 5 组成。当两个比例电磁铁都未加电流信号时,控制阀芯在弹簧的作用下对中,P 油口封闭,A,B 油口回油箱,即具有 Y 型中位机能。如果电磁铁 6 获得输入信号,则电磁力直接作用在测压柱塞 1 上,并使阀芯 2 右移,使压力油从 P 口流向 A 口,A 口压力上升。同时,A 口油液通过阀芯上的径向孔进入阀芯空腔内,把测压柱塞 3 推至右端,并压住电磁铁 4 的操纵杆。另外,阀芯内的液压力克服电磁力,沿阀口关闭的方向推动阀芯 2,直到两个力达到平衡为止,这时,A 口压力保持恒定。当电磁力或 A 口压力变化时,通过测压柱塞的压力反馈对阀芯进行相应调整,使受控压力始终与电磁力相适应。

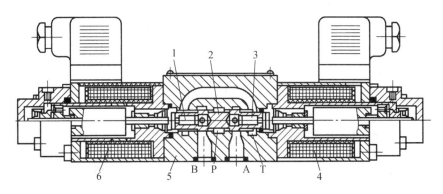

1,3—测压柱塞;2—阀芯;4,6—比例电磁铁;5—阀体

**图 3-43　双作用直动式三通比例减压阀**

② 先导式比例减压阀

图 3-44 所示为先导式电液比例减压阀的结构原理图,该阀为压力间接检测型。由 A 口来的压力油经先导流量稳定器进入先导阀和主阀芯上腔。当进口压力小于调定压力不足以打开由电磁力压紧的先导阀时,主阀芯在弹簧力的作用下处于下位,主阀口全开,液流从 A 口流向 B 口不受限制。当先导压力超过电磁力时,先导阀开启,先导流量稳定器产生一个稳定的流量经先导阀流回油箱,从而建立了一个受调节的压力作用在主阀芯上。当 B 口压力超过弹簧力和先导压力的合力时,主阀芯上移,主阀口关小,B 口压力降低,主阀芯位置自动调节,保持主阀芯受力平衡。

图 3-45 所示为先导式比例减压阀的典型结构。该阀通过调节比例电磁铁的控制电流来调节 A 口的压力。开始时主阀芯在弹簧的作用下处于最下端位置,B 口与 A 口全开,A 口的压力作用在主阀芯底端。从 B 口来的压力油,经过先导油流道 4、压力补偿流量控制器 5、节流通道,同时作用于先导阀和主阀芯上腔。通过调节比例电磁铁 8 的电信号,由先导阀 6 调节作用于主阀芯弹簧腔的压力。当先导阀前的压力达到调节压力时先导阀打开,由压力补偿流量控制器 5 产生一个稳定的流量经 Y 流道流回油箱。同时,建

立一个受调节的压力作用在主阀芯上,当 A 口压力大于调节压力与弹簧力的合力时,主阀芯上的液压力差压缩弹簧使主阀芯上移,关小 B 口到 A 口间的阀口,产生节流,使 A 口压力维持在调节压力(A 口的压力取决于先导级压力和主阀弹簧)。为使油能从 A 口自由回流到 B 口,可安装一个单向阀 11。

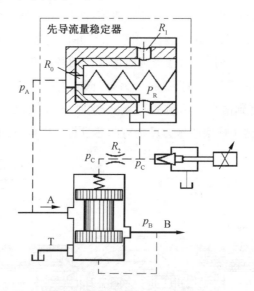

图 3-44　压力间接检测型先导式电液比例减压阀的结构原理图

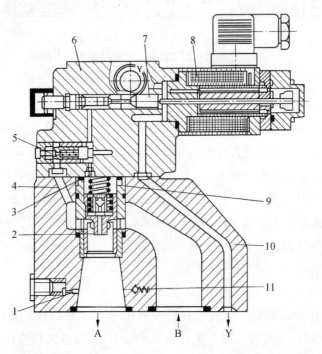

1—节流孔;2—过载保护阀;3—液阻;4—先导油流道;5—压力补偿流量控制器;6—先导阀;
7—先导阀芯;8—比例电磁铁;9—主阀芯组件;10—主阀;11—单向阀

图 3-45　先导式二通单向比例减压阀

（2）比例流量控制阀

比例流量控制阀的流量调节作用，都是通过改变节流阀口的开度（通流面积）来实现的，它与普通流量阀的主要区别是用比例电磁铁取代原来的手动调节机构，直接或间接地调节主流阀口的通流面积，并使输出流量与输入电信号成正比。节流阀的流量公式为

$$q = C_d A(x) \sqrt{\frac{2}{\rho} \Delta p}$$

由上式可见，控制通流面积可以控制通过阀口的流量，但是通过的流量还受到节流阀口前后压差等因素的影响。电液比例流量控制阀按其被控量是节流阀口的开度（或通流面积）还是流量可分为比例节流阀和比例调速阀，比例流量控制阀还可以分为二通型和三通型两种。

1）比例节流阀

图 3-46 所示为位移-力反馈型二通比例节流阀的结构原理图。

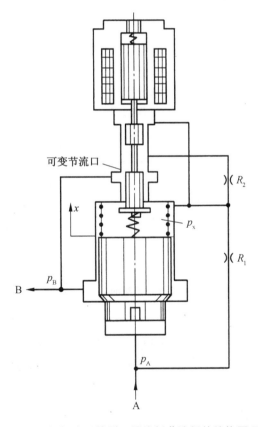

**图 3-46　位移-力反馈型二通比例节流阀的结构原理图**

当阀的输入电信号为零时，先导阀芯在反馈弹簧预紧力的作用下处于图示位置，即先导控制阀口关闭，控制油不流动，主阀上腔的压力 $p_x$ 与进口压力 $p_A$ 相等，主阀芯在弹簧力和液压力的作用下关闭主阀口。当输入足够大的电信号时，电磁力克服反馈弹簧的预紧力，推动先导阀芯下移，可变节流口打开，控制油经过固定液阻 $R_1$、$R_2$ 至可变节流口再

到主阀出口 B。控制油流过固定液阻 $R_1$，$R_2$ 时产生压力损失，使主阀上腔的压力 $p_x$ 低于进口压力 $p_A$，当压力差 $p_A - p_x$ 达到弹簧预紧力时，压缩弹簧推动主阀芯向上产生位移，阀口开启。与此同时，主阀芯位移经反馈弹簧转化为反馈力作用在先导阀芯上，当反馈弹簧的反馈力与输入电磁力达到平衡时，先导阀芯便稳定在某一平衡点上，从而实现主阀芯位移与输入电信号的比例控制。$R_2$ 的另一个作用是产生动态压力反馈。

2）比例调速阀

比例调速阀是在传统调速阀的基础上将其手调机构改用比例电磁铁而成的。它是由压力补偿器（定差减压阀）和比例节流阀构成的。因为它只有 A，B 两个主油口，所以又称为二通比例调速阀。比例调速阀的工作原理如图 3-47 所示。

图 3-47 中，压力补偿器的减压阀 1 位于节流阀 2 主节流口的上游，且与主节流口串联，减压阀阀芯由一小刚度弹簧 4 保持在开启位置上，开口量为 $h$；节流阀阀芯则由一小刚度弹簧 5 保持关闭。比例电磁铁接收输入电信号，产生电磁力作用于阀芯，阀芯向下压缩弹簧 5，阀口打开，液流自 A 口流向 B 口。阀的开口量与控制电信号对应。行程控制型比例电磁铁提供位置反馈，可使其开口量更为准确。压力补偿器的功能是保持节流阀进出口压差 $\Delta p = p_2 - p_3$ 不变，从而保证流经节流阀的流量 $q$ 稳定。

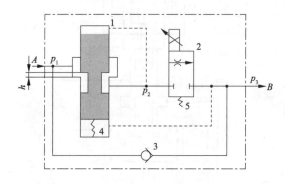

1—定差减压阀；2—比例节流阀；3—单向阀；4,5—弹簧

**图 3-47　比例调速阀的工作原理简图**

（3）比例方向控制阀

在电液比例方向控制阀中，与输入电信号成比例的输出量是阀芯的位移或输出流量，并且该输出量随着输入电信号的正负而改变运动方向。所以，电液比例方向控制阀本质上是一个方向流量控制阀。

1）比例方向控制阀的分类

比例方向控制阀有如下几种分类方法：

① 根据阀内是否包含内部反馈闭环，比例方向控制阀可分为带内部反馈闭环和不带内部反馈闭环两种类型。带内部反馈闭环的比例方向控制阀又有位移-电反馈、位移-力反馈和直接位置反馈等形式，其中以位移-电反馈型居多。

② 根据对流量的控制方式，比例方向控制阀可分为节流控制型和流量控制型。

③ 根据阀芯的结构形式,比例方向控制阀可分为滑阀式(滑阀结构)和插装式(锥阀结构)。

④ 根据阀内液压功率放大的级数,比例方向控制阀可分为单级阀、二级阀和三级阀等。

2) 比例方向控制阀的典型结构

图 3-48 所示为单级比例方向控制阀的典型结构。该阀采用四边滑阀结构,按节流原理控制流量,比例电磁铁通过外部放大器或内置放大器控制,可单独拆卸更换,工作过程中只有一个比例电磁铁得电。

工作原理:电磁铁 5 和 6 不得电时,阀芯 2 在弹簧 3 和 4 的作用下处于中位。当电磁铁 6 得电时,阀芯 2 向左运动,压在弹簧 3 上,阀芯位移与输入电信号成比例。此时,P 口至 A 口及 B 口至 T 口通过阀芯与阀体形成的节流口相通。电磁铁 6 失电时,阀芯 2 由弹簧 3 推至中位。弹簧 3 和 4 有两个作用:① 当电磁铁 5 和 6 不得电时,将阀芯 2 推回中位;② 当电磁铁 5 和 6 得电时,其中一个作为力-位移转换器,与输入电磁力相平衡,从而确定阀芯的轴向位置。由于阀芯存在正遮盖量 $x_{v0}$,该类阀具有较大的零位死区。

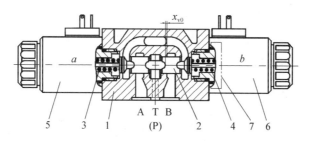

1—带安装底面的阀体;2—控制阀芯;3,4—弹簧;5,6—带中心螺纹的电磁铁;7—三位阀转换为二位阀的丝堵

**图 3-48　带行程控制型比例电磁铁的单级比例方向控制阀**

### 3.3.5　电液伺服阀

电液伺服阀是电液伺服控制中的关键元件,它既是电液转换元件,又是功率放大元件。它能够将输入的微小电信号转换为大功率的液压信号(流量与压力)输出。根据输出液压信号的不同,电液伺服阀可分为电液流量控制伺服阀和电液压力控制伺服阀两大类。

电液伺服阀具有动态响应快、控制精度高、使用寿命长等优点,是一种高性能的电液控制元件,已广泛应用于航空、航天、舰船、冶金、化工等领域的电液伺服控制系统中。

电液伺服阀通常由电气-机械转换器、液压放大器、检测反馈机构(或平衡机构)三部分组成。

(1) 电液伺服阀的分类

电液伺服阀可按如下方法分类:

① 按液压放大级数可分为单级伺服阀、两级伺服阀和三级伺服阀。

② 按第一级阀的结构形式可分为滑阀、单喷嘴挡板阀、双喷嘴挡板阀、射流管阀和偏

转板射流阀。

③ 按反馈形式可分为位置反馈式、负载流量反馈式和负载压力反馈式三种。

④ 按力矩马达是否浸泡在油中可分为湿式和干式两种。湿式可使力矩马达受到油液的冷却,但油液中的铁污物将使力矩马达性能变差。干式可使力矩马达不受油液污染的影响,目前伺服阀都采用干式。

（2）力反馈两级电液伺服阀

图 3-49 所示为力反馈两级电液伺服阀结构。无控制电流时,衔铁由弹簧管支承在上、下导磁体的中间位置,挡板也处于两个喷嘴的中间位置,滑阀阀芯在反馈杆小球的约束下处于中位,阀无液压输出。当有差动控制电流输入时,若使衔铁受到顺时针方向的电磁力矩,则使得衔铁挡板组件绕弹簧管旋转中心向顺时针方向偏转,弹簧管和反馈杆产生变形,挡板离开中位向左偏移,造成喷嘴挡板的左间隙减小、右间隙增大,引起滑阀左腔控制压力升高、滑阀右腔控制压力降低,推动滑阀阀芯向右移动,同时带动反馈杆端部小球右移,使反馈杆进一步变形。当反馈杆和弹簧管变形产生的反力矩与电磁力矩相平衡时,衔铁挡板组件便处于一个平衡位置。在反馈杆端部右移进一步变形时,挡板的偏移减小,趋于中位。这使滑阀左腔控制压力降低、滑阀右腔控制压力升高,当阀芯两端的液压力与反馈杆变形对阀芯产生的反作用力以及阀芯的液动力相平衡时,阀芯停止运动,其位移与控制电流成比例。在负载压差一定时,阀的输出流量也与控制电流成比例,所以这是一种流量控制伺服阀。

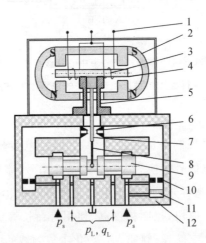

1—信号线;2—永磁体;3—线圈;4—衔铁;5—弹簧管;6—喷嘴;7—挡板;8—反馈弹簧杆;

9—阀芯;10—固定阻尼孔;11—过滤器;12—阀体

**图 3-49 力反馈两级电液伺服阀结构**

反馈杆将主阀芯的位移转化为力矩,并作用于挡板和衔铁,使衔铁转角减小。由于输出级的阀芯位移是通过反馈杆变形力反馈到衔铁上使诸力矩平衡后决定的,所以称为力反馈式;又由于伺服阀中采用了两级液压放大器,所以称此电液伺服阀为力反馈两级电液伺服阀。

（3）射流管式两级电液伺服阀

图 3-50 所示为射流管式两级电液伺服阀的结构原理。射流管由力矩马达带动偏转。射流管焊接于衔铁上，并由薄壁弹簧片支承。液压油通过柔性的供压管进入射流管，从射流管喷射出的液压油进入与滑阀两端控制腔分别相通的两个接收孔中，推动阀芯移动。射流管的侧面装有弹簧板和反馈弹簧丝，反馈弹簧丝的末端插入阀芯中的小槽内，阀芯移动推动反馈弹簧丝，构成对力矩马达的力反馈。力矩马达借助于薄壁弹簧片实现对液压部分的密封隔离。

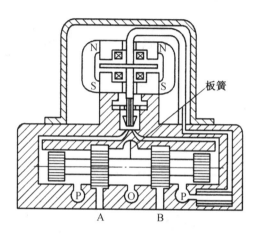

图 3-50　射流管式两级电液伺服阀的结构原理

伺服阀的规格参数有额定流量、额定电流和额定供油压力；伺服阀的静态特性有负载流量特性、空载流量特性、压力特性、内泄漏特性和零漂、零偏等；伺服阀的动态特性主要由频率响应和瞬态响应表示。

### 3.3.6　液压数字阀

液压数字阀是在计算机技术与电控技术的发展与促进下产生的，计算机技术本质上是数字技术。为了达到使液压阀与计算机或微处理器之间能够直接控制或通信而无须数-模或模-数转换这样的目的，液压数字阀应运而生。

随着微电子技术的迅速发展，计算机技术开始同液压技术相结合。通过把电子控制装置安装于传统阀内，并进行集成化处理后，出现了可由计算机直接控制的液压数字阀。将这种数字阀应用于液压控制系统中，可组成由计算机直接控制的液压数字控制系统。

液压数字控制阀具有价格低、精度高、可靠性高、使用寿命长且可以直接进行数字控制等优点。

液压数字阀按照流量离散化方式可以分为增量式数字阀、高速开关数字阀及并联数字阀岛等。

（1）增量式数字阀

增量式数字阀采用步进电机驱动阀芯，通过控制计算机输出的脉冲数来调节电机的旋转角度,进而实现对数字阀阀芯位移的控制,具有结构简单和工作可靠的优势,但由于步进电机动态响应慢,并且存在低频失步和零位死区等问题,控制精度仍需进一步提升。

图 3-51 所示为某增量式数字阀的结构原理。该数字阀由步进电机、螺栓、阀体、限位结构、端盖、限位螺栓、阀芯、圆柱销、步进电机支架及螺套等组成。其中,步进电机 1 与螺套 10 通过键连接,螺套 10 与螺栓 2 通过螺纹连接,螺栓 2 与阀芯 7 通过圆柱销 8 连接,右侧的限位结构 4、端盖 5 及限位螺栓 6 用于限制阀芯的最大位移量。

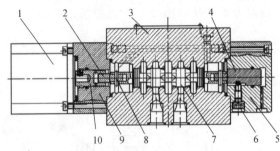

1—步进电机;2—螺栓;3—阀体;4—限位结构;5—端盖;6—限位螺栓;

7—阀芯;8—圆柱销;9—步进电机支架;10—螺套

**图 3-51　增量式数字阀的结构原理**

该数字阀以计算机发出的脉冲信号控制步进电机 1 的旋转,步进电机 1 的旋转角度与脉冲数呈正比,步进电机 1 带动螺套 10 旋转,螺栓-螺母结构将旋转运动转变为直线运动,实现将控制脉冲数转换为控制阀芯的位移量,最终实现对输出流量的控制。此外,由于步进电机 1 的旋转角度不受负载影响,因此阀芯位移的开环控制精度较高。

增量式数字阀具有如下特点:① 步进电机没有累积误差和滞环误差,重复控制精度好;② 步进电机的旋转运动需要借助其他结构方可转换为阀芯的直线运动,增大了结构复杂度,并且导致了摩擦和磨损,进而产生死区和零漂;③ 步进电机转动惯量大,频响较低;④ 步进电机启动和停止时容易失步,分辨率不高。

(2) 高速开关数字阀

高速开关数字阀解决了增量式数字阀的低频和失步等问题,由于其阀芯仅工作在全开或全关状态,故具有抗油污能力强、可靠性较高及阀口节流损失小的优点,但由于阀芯长期处于高速开关状态,易产生振动、噪声及系统压力冲击等问题。

高速开关数字阀一般采用 PWM(脉宽调制式)信号控制,通过调节 PWM 信号的占空比来调节阀口开启和关闭的时间,实现离散流量的高频输出,获得在某一段时间内流量的平均值,进而实现对下一级执行机构的控制。当 PWM 信号频率足够高时,其控制精度可以接近比例/伺服阀的控制精度,目前已经成功应用在航空航天、汽车及工程机械等领域。

高速开关数字阀之所以有很高的响应速度,是因为驱动阀芯运动的驱动器响应速度极高。根据所用驱动器的不同,高速开关数字阀可分为高速电磁阀、磁致伸缩式高速开关阀、电流变液式高速开关阀和压电式高速开关阀。

高速开关数字阀有二位二通和二位三通两种,两者又各有常开和常闭两类。为了减少泄漏和提高压力,其阀芯一般采用球阀或锥阀结构,但也有采用喷嘴挡板阀的。

图 3-52 所示为二位三通电磁锥阀型高速开关数字阀,当线圈 4 通电时,衔铁 2 上移,使与其连接的锥阀芯 1 开启,压力油从 P 口经阀体流入 A 口。为防止开启时阀因稳态液动力而关闭和减小控制电磁力,该阀通过射流对铁芯的作用来补偿液动力。断电时,弹簧 3 使锥阀关闭。阀套 6 上有一阻尼孔 5,用以补偿液动力。该阀的行程为 0.3 mm,动作时间为 3 ms,控制电流为 0.7 A,额定流量为 12 L/min。

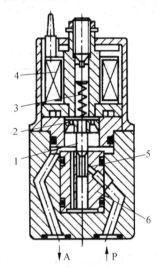

1—锥阀芯;2—衔铁;3—弹簧;4—线圈;5—阻尼孔;6—阀套

**图 3-52　二位三通电磁锥阀型高速开关数字阀**

图 3-53 所示为力矩马达-球阀型二位三通高速开关数字阀,其驱动部分为力矩马达,根据线圈通电方向不同,衔铁 2 顺时针或逆时针方向摆动,输出力矩和转角。液压部分有先导级球阀 4,7 和功率级球阀 5,6。若脉冲信号使力矩马达通电时衔铁顺时针偏转,则先导级球阀 4 向下运动,关闭压力油口 P,$L_2$ 腔与回油腔 T 接通,功率级球阀 5 在液压力的作用下向上运动,工作腔 A 与 P 相通。与此同时,球阀 7 受 P 作用于上位,$L_1$ 腔与 P 腔相通,球阀 6 向下关闭,断开 P 腔与 T 腔通路。反之,力矩马达逆时针偏转时,情况正好相反,工作腔 A 与 T 相通。这种阀的额定流量仅为 1.21 L/min,工作压力可达 20 MPa,最短切换时间为 0.8 ms。

目前国内外已有多种结构形式的高速开关数字阀,可根据系统要求进行选择。

高速开关数字阀作为数字液压系统中的核心控制元件,具有以下优势:① 采用数字信号直接驱动,信号抗干扰能力强;② 阀芯仅工作在全开和全关两种状态,节流损耗较小,重复性好;③ 阀芯一般为球阀或锥阀形式,无结构死区且无泄漏;④ 阀芯与阀套的径向配合间隙远高于伺服阀,不存在由微米级油液污染颗粒物导致的阀口堵塞和阀芯卡滞等问题。

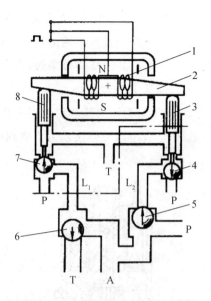

1—线圈锥阀芯;2—衔铁;3,8—推杆;4,7—先导级球阀;5,6—功率级球阀

**图 3-53　力矩马达-球阀型二位三通高速开关数字阀**

（3）并联数字阀岛

并联数字阀岛是将多个开关阀并联连接,开关阀的流量呈二进制或等值编码方式排列,并采用 PCM(Pulse Code Modulation)或 PNM(Pulse Number Modulation)等数字信号对并联开关阀的开关状态进行编码控制,最终通过流量叠加来实现所需流量输出。

并联数字阀岛的结构原理如图 3-54 所示,$N$ 个开关阀并联连接构成 $N$ 位并联数字阀岛。由于开关阀两端的压差相同,故每个支路的流量取决于该支路的通流面积。$N$ 位并联数字阀岛的最小流量为 0,最大流量为所有开关阀流量之和。

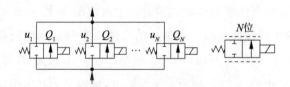

**图 3-54　并联数字阀岛的结构原理**

并联开关阀的编码方式直接决定并联数字阀岛的静态和动态流量特性,目前编码方式主要有等值编码、二进制编码及斐波那契编码,其中以等值编码和二进制编码最为常见。当采用等值编码时,由于每个开关阀的通流面积相等,对应的控制信号为脉数调制信号;而采用二进制编码时,由于每个开关阀的流量特性不一致,对应的控制信号应为脉码调制信号。

## 3.4　液压辅助元件

液压系统中的辅助元件主要包括油箱、滤油器、冷却器、加热器、蓄能器、密封及管件等,这些辅助元件的性能,对系统的工作性能、效率、噪声和寿命等将产生直接的影响。因此,在设计、选用时应加以足够的重视。

### 3.4.1　油箱

油箱主要用于储液、散热、沉淀污物及释放油中气泡等。油箱有开式和闭式两种。开式油箱的液面与大气相通,应用最广。闭式油箱全封闭,油箱内充入 $0.05\sim0.07$ MPa 的纯净压缩空气,仅用于特殊场合。

油箱中油面高度为油箱高度 80% 时油的容积称为油箱的有效容积,一般根据液压泵的公称流量确定,低、中、高压系统分别为液压泵公称流量的 $2\sim4$ 倍、$5\sim7$ 倍、$6\sim12$ 倍。对于大功率且连续工作的系统,还需根据系统的发热量进行热平衡计算。

图 3-55 所示为油箱的典型结构。

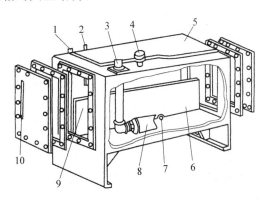

1—回油管;2—泄油管;3—吸油管;4—空气滤清器;5—安装板;6—隔板;

7—放油口;8—粗滤油器;9—清洗窗;10—液位计

**图 3-55　油箱**

在设计油箱时需注意:

① 油箱的有效容积必须容纳系统全部油液(包括油液的热膨胀量),同时其表面积应足够大,以便散发大部分热量。

② 吸、回油管应尽量远离并用隔板隔开,以增加油液循环距离,使油液充分散热、沉淀杂质和释放气泡。吸油口需装粗滤油器,并浸入油面之下,以免吸入空气,其距离箱底应不小于 20 mm。回油管管端应浸于油中并面向箱壁切成 45° 斜角,以免回油搅动油面而混入气泡,并增大排油口面积、减缓流速,以利于散热,管端距箱底、箱壁应不小于管径的 3 倍。泄油管不应插入油中,以免增大元件泄漏腔的背压。

③ 油箱各盖板管口处都应妥善密封,以防油液被污染,油面应经空气滤清器通大气。

④ 箱底距地面应大于 150 mm,并适当倾斜,以便于散热和清洗,在最低处应设置排油螺塞,以便排放污油。油箱侧壁应安装液位计,以观察油面高低,便于适时补油。

⑤ 油箱温度应控制在 $15\sim65$ ℃,必要时应设置温度计和热交换器。

⑥ 油箱一般用 $2.5\sim4.0$ mm 厚的钢板焊成,大尺寸油箱需加焊加强筋,以增强刚

性。油箱内壁应涂上耐油防锈涂料。盖板上要安装液压泵及电动机等元件时,其厚度应相应地增加。

### 3.4.2 滤油器

滤油器通过某些条孔状介质,过滤液体中不可溶解的污物,使进入系统的液体的污染度降低,以提高元件的使用寿命,保证系统正常工作。

滤油器根据滤芯材料的过滤机制不同有三种过滤方式:

① 表面过滤方式。它由一个具有均匀的标定小孔的几何面来实现,可将大于小孔尺寸的污物截留在油液上游一面的滤芯上。它易被堵塞,容纳污物的能力较弱。

② 内部过滤方式。它由内部具有曲折迂回通道的多孔可透性材料构成,大于表面孔径的杂质被截留在外表面,较小的则被阻于介质内部复杂的缝隙中。它具有滤除细小污物的能力和较强的容纳污物的能力。

③ 吸附过滤方式。它的滤芯材料把油液中的有关杂质吸附在其表面上。

常见滤油器类型及其特点见表3-4。过滤精度是指滤油器对各种不同尺寸的污染颗粒的滤除能力,是滤油器的主要性能指标,一般分为粗滤($d>100\ \mu m$)、普通过滤($d=10\sim100\ \mu m$)、精滤($d=5\sim10\ \mu m$)和特精滤($d=1\sim5\ \mu m$)四级,$d$ 表示滤芯滤去杂质的粒度大小。

选用滤油器时主要考虑过滤精度、通流能力、滤芯强度、抗腐蚀能力及滤芯清洗与更换的方便性等。滤油器在液压系统中的安装位置及作用见表3-5。

**表 3-4 常见滤油器类型及其特点**

| 类型 | 名称 | 结构简图 | 特点说明 |
|---|---|---|---|
| 表面型 | 网式滤油器 | | 1.过滤精度与铜网层数及网孔大小有关。在压力管路上常采用 0.154,0.100,0.070 1 mm[100,150,200 目(每英寸长度上的孔数)]的铜丝网,在液压泵吸油管路上常采用 0.900～0.450 mm(20～40 目)的铜丝网;<br>2.压力损失不超过 0.04 MPa;<br>3.结构简单,通流能力大,清洗方便,但过滤精度低 |
| | 线隙式滤油器 | | 1.滤芯由绕在芯架上的一层金属线组成,依靠线间微小间隙来阻挡油液中的杂质通过;<br>2.压力损失为 0.03～0.06 MPa;<br>3.结构简单,通流能力大,过滤精度高,但滤芯材料强度低,不易清洗;<br>4.用于低压管道中,当用在液压泵吸油管上时,它的流量规格宜选得比泵大 |

| 类型 | 名称 | 结构简图 | 特点说明 |
|---|---|---|---|
| 内部型 | 纸芯滤油器 | | 1.结构与线隙式相同,但滤芯为平纹或波纹的酚醛树脂或木浆微孔滤纸制成的纸芯。为了增大过滤面积,纸芯常制成折叠形;<br>2.压力损失为 0.01~0.04 MPa;<br>3.过滤精度高,但堵塞后无法清洗,必须更换纸芯;<br>4.通常用于精滤 |
| 内部型 | 烧结式滤油器 | | 1.滤芯由金属粉末烧结而成,利用金属颗粒间的微孔来阻挡油中的杂质通过。改变金属粉末的颗粒大小,就可以制出不同过滤精度的滤芯;<br>2.压力损失为 0.03~0.20 MPa;<br>3.过滤精度高,滤芯能承受高压,但金属颗粒易脱落,堵塞后不易清洗;<br>4.适用于精滤 |
| 吸附型 | 磁性滤油器 | | 1.滤芯由永久磁铁制成,能吸住油液中的铁屑、铁粉或带磁性的磨料;<br>2.常与其他型式滤芯组合起来制成复合式滤油器;<br>3.特别适用于加工钢铁件的机床液压系统 |

**表 3-5　滤油器的安装位置、作用及对滤油器的要求**

| 安装位置 | 作用 | 对滤油器的要求 |
|---|---|---|
| 液压泵的吸油管路上 | 过滤进入系统的油液,使系统中所有元件不受杂质颗粒的影响 | 将增大液压泵的吸油阻力,使液压泵的工作条件恶化,故应安装粗滤器,其通流能力应为液压泵流量的 2 倍 |
| 液压泵的压油管路上 | 保护除液压泵以外的其他液压元件 | 滤油器应具有一定强度,能承受系统工作压力和压力冲击,应具有安全阀和发讯装置,压降应小于 0.35 MPa |
| 系统的回油路上 | 可去除流入油箱的油液中的污染物,为油泵提供清洁的油液 | 对滤油器的强度要求较低,并可具有较大压力降,为防止堵塞应并联一单向阀 |
| 系统的分支油路上 | 对部分油液进行过滤,不能完全保证液压元件的安全 | 滤油器的容量可较小,为液压泵流量的 20%~30% |
| 系统外的专用滤油油路上 | 可不间断地清除污染物且不受系统压力和流量波动的影响,可提高滤油效果 | 可采用流量较小的精滤油器 |

### 3.4.3　蓄能器

蓄能器在系统中主要用于吸收冲击压力和压力脉动、维持系统压力以及用作辅助和应急动力源等。

　　蓄能器有重锤式、弹簧式和充气式等多种,常用的是充气式中的气囊式,其结构如图 3-56 所示。它利用装在高压容器中的耐油橡胶气囊中气体(一般充氮气)的可压缩性进行工作。当油液压入蓄能器时,囊中具有一定压力的气体被压缩,能量被储存;当接通系统,囊中气体膨胀,压力油被压入系统时,能量被释放。

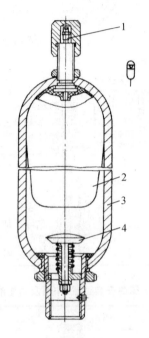

1—充气阀;2—气囊;3—壳体;4—提升阀

**图 3-56　气囊式蓄能器**

　　气囊式蓄能器的用途不同,其充、放液的速度也不同。一般泵对蓄能器的充液过程进行得比较缓慢,可视为等温过程。而蓄能器对系统的放液过程,当用于用液量调节时,较为迅速,其膨胀过程可视为等熵过程;当用作保压补泄时,则比较缓慢,可视为等温过程。所以在对蓄能器进行容量计算时,应根据具体用途采用不同的计算式,具体的计算方法可参考有关书籍和手册。

### 3.4.4　热交换器

　　液压系统的工作温度一般希望保持在 30~50 ℃ 范围内,最高不超过 65 ℃(露天高温环境作业的工程机械不超过 80 ℃),最低不低于 15 ℃。温度过高,不仅使油液迅速变质,而且使泵的容积效率降低;温度过低,油泵启动吸入困难。如果系统油温不能保持在上述范围内,就须安装热交换器进行调节。

　　(1) 冷却器

　　油箱冷却,最简单的是蛇形管冷却器,它直接装在油箱内,通过冷却水带走油液中的热量。该冷却器结构简单,但冷却效率低,耗水量大,运转费用较高。

液压系统中多采用强制对流式多管冷却器,如图 3-57 所示。冷却水从进水口 7 流入,通过多根水管后由出水口 1 流出。油液从进油口 5 流入,并在冷却器箱体内的水管外部流过。隔板 4 使油液行进路线加长,从而增强热交换效果。

冷却器除安装在主溢流阀的溢流油路、系统主回油路上外,还可构成单独的冷却回路进行冷却。

除水冷式冷却器外,还有气冷式冷却器,其结构简单,价格低廉,但冷却效果较水冷式的差。

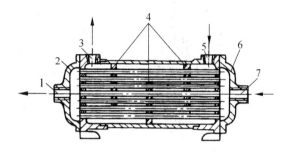

1—出水口;2,6—端盖;3—出油口;4—隔板;5—进油口;7—进水口

**图 3-57　强制对流式多管冷却器**

(2) 加热器

液压系统的加热一般采用电加热器,其结构简单,使用方便,并可通过控制电路对油液的加温进行自动调节,其安装位置如图 3-58 所示。加热器应安装在箱内油液有良好自然对流处,以利于热量的交换。由于油液是热的不良导体,因而单个加热器的功率不能选择得太高,以免周围油液的温度太高而发生变质现象。

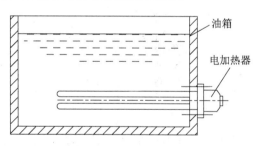

油箱

电加热器

**图 3-58　加热器的安装位置**

### 3.4.5　密封装置

由于液压系统的工作介质是液体,因此,对系统中具有相对运动及固定连接的表面进行可靠的密封,防止油液泄漏,是提高系统工作性能和效率的一项重要措施。一般,静止表面的密封称为静密封,相对运动表面的密封称为动密封。

各种密封装置的形式、密封机理、特点及应用见表 3-6。

密封圈应安装在相应的沟槽里,密封圈和相应的沟槽都有国家标准,在设计时可参考有关设计手册。

表 3-6　密封装置的形式、密封机理、特点及应用

| 密封形式 | | 截面形状 | 密封机理 | 特点 | 应用 |
|---|---|---|---|---|---|
| 间隙密封 | | | 非接触式密封,依靠零件间的微小间隙来防止泄漏 | 密封性能与间隙大小、压力差、配合面长度、直径及加工质量有关;结构简单、摩擦力小、动作灵敏,但加工精度高、密封性差 | 用于低压、轻载、快速场合 |
| 活塞环密封 | | | 由弹性活塞环紧贴缸筒内壁实现密封 | 耐磨损、摩擦力较小、寿命长、耐高温,适用的压力和温度范围宽 | 用于高压、高速、高温场合 |
| 密封圈密封 | O形密封圈 | | 利用密封圈自身的弹性变形和受压变形起密封作用 | 结构小巧,装拆方便;静、动密封均可使用;动摩擦阻力小;单个密封圈可对两个方向密封;价格低廉 | 用于外圆和内圆密封 |
| | Y形密封圈 | | 利用张开的唇边进行密封 | 密封性能可靠;摩擦阻力小,运动平稳,耐压性好,适用压力范围广;结构简单、价格低廉;安装方便 | 唇口一定要对着压力高的一侧,用于外圆和内圆密封 |
| | V形密封圈 | | 利用V形密封圈受压张开对被密封面进行密封 | 耐压性好,使用寿命长;可根据压力高低选择V形密封圈的数量,调整压紧力可调整密封效果;维修和更换方便;轴向尺寸大,摩擦阻力大 | 密封圈凹口要对着压力高的一侧,用于外圆和内圆密封 |
| 新型密封圈密封 | 星形密封圈 | | 有四个唇边,利用密封圈自身的弹性变形和受压变形起密封作用 | 往复运动不翻转、扭曲;接触应力小、摩擦力小;泄漏小;加工飞边不影响密封效果;寿命长 | 主要用于动密封 |
| | Z-L密封圈 | | 依靠密封圈的预压缩,利用两唇边密封 | 具有流体动力回吸性能;静、动态性能均好;摩擦力小;抗挤出性能好;耐磨性好;寿命长 | 应用于使用Y形密封圈的所有场合 |
| | T-V密封圈 | | 依靠自身的不锈钢弹簧力和系统压力,利用两唇边密封 | 用于往复和旋转运动密封;摩擦系数小;耐磨性好,寿命长;适应介质范围广;尺寸稳定,能耐受急剧的温度变化;可进行消毒,不污染食品和药品 | 用于外圆和内圆等的静、动载荷,往复运动和旋转运动密封 |

### 3.4.6　管件

（1）管道

液压系统中的元件是通过管道及管接头连接起来的，如果管路设计不当，将会产生振动、噪声和发热等不良现象，影响系统的使用性能。在管路设计时，应避免管路不必要的加长，并保证管道和它的接头具有足够的强度、良好的密封，管路中损失最小且装卸方便，管路较长时安装管箍进行固定。液压系统中采用的各种管道类型见表 3-7。

表 3-7　管道种类、用途及特点

| 种类 | 用途 | 特点 |
|---|---|---|
| 铁管 | 用于空气站的引出主气管，不能装于分水滤气器之后 | 价格低廉，能承受一定压力，但不易弯曲，容易生锈 |
| 钢管 | 焊接钢管用于压力小于 1.6 MPa 的低压系统，无缝钢管用于高压系统 | 耐高压，抗腐蚀，刚性好，价格便宜，装配时弯曲较困难 |
| 铜管 | 紫铜管能承受 6.5～10 MPa 的压力，在中、低压系统中应用；黄铜管能承受 25 MPa 的压力，用于中压系统 | 紫铜管直径较小，易弯曲，价格高；黄铜管不易弯曲 |
| 硬聚氯乙烯塑料管 | 用于 50 ℃以下的低压系统 | 质量轻，耐腐蚀，内部光滑 |
| 橡胶软管 | 用于两个相对运动件之间的连接，分高压管和低压管两种 | 不易产生弯头堵塞，内壁不光滑，摩擦损失大，不能承受太高温度 |
| 塑料管 | 用于回油管或压力低于 0.8 MPa 的低压回路，气动系统应用较多 | 内壁光滑，耐油，易老化，价格低，承压能力差 |
| 尼龙管 | 用于中、低压系统，耐压可达 2.5 MPa | 可塑性强，能代替紫铜管，价格低廉，弯曲方便，但使用寿命较短 |

流体在管道内流动时的能量损失随流体的流速增大而增加，它将使流体的温度上升，产生振动、噪声等。因此，对于一定的流量必须有相应的管道内径，若选得过大，将使装置结构庞大；若选得过小，将使流体流速过大，导致能量损失增加或产生振动和噪声。管道内径应根据所通过的流量大小及推荐流速确定，具体设计计算可参考有关手册。

（2）管接头

管接头是管道与管道、管道与元件之间的可拆式连接件，它必须装拆方便、连接牢固、密封可靠、外形尺寸小、通流能力大、压降小、工艺性好。

管接头按用途、承受压力、接头通路数及连接方式可分为很多种，其规格品种可查阅有关手册。它与本体的连接螺纹采用国家标准米制锥螺纹（ZM）和普通细牙螺纹（M）。锥螺纹依靠自身的锥体旋紧并采用聚四氟乙烯等进行密封，细牙螺纹必须采用组合垫圈或 O 形圈进行端面密封，有时也用紫铜垫圈或铝垫圈。

液压系统的泄漏问题主要出现在管系中的接头上，因此对管材的选用、管接头形式的确定、管系的设计、管道的安装等都应认真考虑，以保证系统的使用质量。

习 题

3.1 容积式液压泵的工作原理是什么？

3.2 外啮合齿轮泵为什么有较大的流量脉动？流量脉动大会产生什么危害？

3.3 双作用叶片泵和单作用叶片泵各有哪些优缺点？

3.4 限压式变量叶片泵的拐点压力和最大流量如何调节？调节时，泵的流量-压力特性曲线如何变化？

3.5 某一液压泵额定压力 $p=2.5$ MPa，机械效率 $\eta_m=0.9$。由实际测得：当泵的转速 $n=1\,450$ r/min，泵的出口压力为零时，其流量 $q_1=106$ L/min。(1) 当泵出口压力为 2.5 MPa 时，其流量 $q_2=100.7$ L/min，试求泵在额定压力时的容积效率。(2) 当泵的转速 $n=500$ r/min，压力为额定压力时，泵的流量为多少？容积效率又为多少？(3) 以上两种情况时，泵的驱动功率分别为多少？

3.6 从能量的观点来看，液压泵和液压马达有什么区别和联系？从结构上来看，液压泵和液压马达又有什么区别和联系？

3.7 已知单杆液压缸缸筒直径 $D=100$ mm，活塞杆直径 $d=50$ mm，工作压力 $p_1=2$ MPa，流量 $q=10$ L/min，回油背压力 $p_2=0.5$ MPa，试求活塞往复运动时的推力和运动速度。

3.8 已知单杆液压缸缸筒直径 $D=50$ mm，活塞杆直径 $d=35$ mm，泵供油流量 $q=10$ L/min，试求：(1) 液压缸差动连接时的运动速度；(2) 若缸在差动阶段所能克服的外负载 $F=1\,000$ N，则缸内油液压力有多大（不计管内压力损失）？

3.9 图 3-59 中液压泵的铭牌参数为 $q=18$ L/min，$p=6.3$ MPa，设活塞直径 $D=90$ mm，活塞杆直径 $d=60$ mm，在不计压力损失且 $F=28\,000$ N 时，试求在各图示情况下压力表的指示压力。

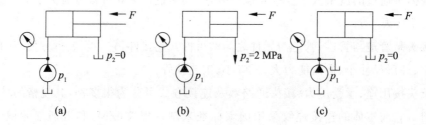

图 3-59 液压系统

3.10 设计一单杆活塞液压缸，要求快进时为差动连接，快进和快退（有杆腔进油）时的速度均为 6 m/min。工进时（无杆腔进油，非差动连接）可驱动的负载 $F=25\,000$ N，回油背压力为 0.25 MPa，采用额定压力为 6.3 MPa、额定流量为 25 L/min 的液压泵，试确定：(1) 缸筒内径和活塞杆直径；(2) 缸筒壁厚（缸筒材料选用无缝钢管）。

3.11　分别说明 O 型、M 型、P 型和 H 型三位四通换向阀在中间位置时的性能特点。

3.12　图 3-60 中溢流阀的调定压力为 5 MPa,减压阀的调定压力为 2.5 MPa,设液压缸的无杆腔面积 $A=50$ cm$^2$,液流通过单向阀和非工作状态下的减压阀时,其压力损失分别为 0.2 MPa 和 0.3 MPa。试求:当负载分别为 0 kN,7.5 kN,30 kN 时,(1) 液压缸能否移动? (2) $A,B,C$ 三点压力数值各为多少?

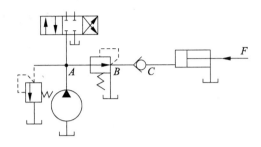

**图 3-60　液压系统**

3.13　分析比较溢流阀、减压阀和顺序阀的作用及差别。

3.14　在节流调速系统中,如果调速阀的进出口接反了,将会出现怎样的情况,试根据调速阀的工作原理进行分析。

3.15　蓄能器有哪些功用?

3.16　气囊式蓄能器容量为 2.5 L,气体的充气压力为 2.5 MPa,当工作压力从 $p_1=$ 7 MPa 变化至 $p_2=4$ MPa 时,试求蓄能器所能输出的油液体积。

3.17　试举出过滤器的三种可能的安装位置,怎样考虑各安装位置上过滤器的精度?

3.18　油箱有哪些作用?

3.19　油管与接头有哪几种形式,它们的使用范围有何不同?

3.20　比较各种密封装置的密封原理和结构特点,它们各用在什么场合较为合理?

3.21　液压伺服阀的功能是什么? 常用的伺服阀有哪些种类?

3.22　简述喷嘴挡板式液压伺服阀的工作原理。

3.23　电液比例阀和普通阀的结构有哪些区别?

第4章

# 液压回路及系统

随着现代工业技术的迅速发展,各类液压和气动设备的控制功能变得越来越复杂,但任何复杂的系统都是由基本回路组成的。基本回路是为了实现某种特定功能而把一些液压或气动元件和管道按一定方式组合起来的基本通路结构。熟悉和掌握基本回路有助于更好地分析、设计和使用各种系统。液压传动系统的基本回路主要分为方向控制回路、压力控制回路和速度控制回路等。

## 4.1 方向控制回路

方向控制回路用来控制液压系统各油路中液流的接通、切断或变向,从而使各执行元件按需要相应地实现启动、停止或换向等一系列动作。这类控制回路有换向回路、锁紧回路等。

### 4.1.1 换向回路

基本要求:换向可靠、灵敏且平稳,换向精度合适。

换向过程:执行元件减速制动、暂短停留和反向启动。换向阀不同,其换向性能也不同。根据换向过程的制动原理,有两种换向回路。

(1) 时间制动换向回路

时间制动换向是指从发出换向信号到实现减速制动(停止)所需的时间基本恒定,其换向时间短,换向精度取决于制动前的运动速度,适用于换向精度要求低的场合。

图 4-1 所示为时间制动换向回路。图示位置为工作台运动到左端终点位置。此时挡铁碰到换向杠杆使先导阀 A 切换到左位,使换向阀 B 的左端通控制油而右端经快跳孔 7 回油箱,其阀芯迅速右移至中位并盖住快跳孔 7,实现换向前的快跳。同时,制动锥 c 和 a 逐渐关小进油路 2→3 和回油路 4→5,工作台缓冲制动。由于换向阀的中位机能为 H 型,所以此时工作台靠惯性浮动。当快跳孔 7 被盖住后,阀芯右端回油只能经节流阀回油箱,

阀芯慢速右移,直到制动锥 c 和 a 将进油路 2→3 和回油路 4→5 都关闭时,工作台即停止运动。可见,当换向阀两端的节流阀调定之后,工作台每次换向制动的时间是一定的,故称为时间制动换向。在换向制动时,工作台速度大,冲出量就大,其换向定位精度低。当工作台停止后,换向阀芯仍继续慢速右移,制动锥 b 和 d 逐渐打开进油路 2→4 和回油路 3→5,工作台便开始反向(向右)运动。工作台的运动速度由节流阀 L 调节。

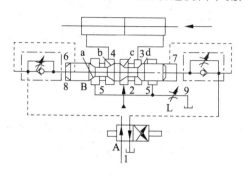

A—先导阀;B—换向阀;L—节流阀;a,b,c,d—制动锥;1,2,3,4,5,8,9—油路;6,7—快跳孔

**图 4-1　时间制动换向回路**

这种换向回路的制动时间可视具体情况而定,工作台速度高、质量大时,制动时间可调得长些,以消除换向冲击;反之,则可调得短些,以使换向平稳,提高生产效率。

(2) 行程制动换向回路

行程制动换向是指从发出换向信号到实现减速制动工作部件所走过的行程基本恒定。

图 4-2 所示为行程制动换向回路。图示位置为工作台运动到左端预定位置,此时挡铁经杠杆使先导阀芯右移,制动锥 e 逐渐关闭液压缸左腔的回油路,使工作台减速制动,同时打开先导阀 A 与换向阀 B 左、右端的控制油路。此时换向阀 B 右端的回油先经快跳孔 b 回油箱,阀芯快跳到中位,由于其中位机能为 P 型,液压缸左、右两腔同时通压力油,而先导阀又将缸的回油路关闭,所以液压缸便立即停止运动。由于快跳孔 b 被关闭后换向阀 B 右端的回油只能经节流阀 D 回油箱,阀芯慢速右移,实现液压缸换向前的暂停。当换向阀 B 慢速右移至阀芯上的凹槽与快跳孔 b 相通时,换向阀芯第二次快跳至右端,此时工作台的进、回油路也迅速换向,工作台便快速反向运动(右行),实现一次换向。可见,从挡铁碰到换向杠杆带动先导阀芯右移,到制动锥 e 完全关闭缸的回路,先导阀芯移动的距离(等于制动锥 e 的长度)基本上是一定的,而先导阀芯的移动是由工作台通过换向杠杆带动的,所以工作台的运动行程也基本上是一定的,与工作台的运动速度无关。

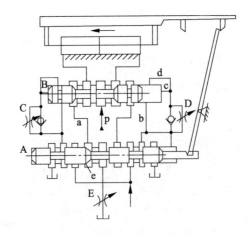

A—先导阀;B—换向阀;C,D—单向节流阀;E—节流阀;a,c,d—油路;b—快跳孔;e—制动锥

图 4-2　行程制动换向回路

这种换向回路的换向定位精度较高、换向平稳性较好,但换向平稳性会随换向前工作台速度的增高而变差;此外,换向阀和先导阀的结构复杂,制造精度要求高。它主要用于外圆磨床和内圆磨床等液压系统。

### 4.1.2　锁紧回路

锁紧回路可使液压缸停留在任意位置上,且停留后不会因外力作用而移动。图 4-3 所示为使用液控单向阀(又称双向液压锁)的锁紧回路。在液压缸需要停留的位置上,使换向阀处于中位(中位机能为 H 型或 Y 型),即可将活塞双向锁紧。由于液控单向阀的密封性好,泄漏极少,所以锁紧的精度主要取决于液压缸的泄漏。这种回路被广泛用于工程机械、起重运输机械等有锁紧要求的场合。

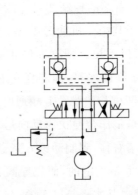

图 4-3　锁紧回路

## 4.2　压力控制回路

压力控制回路利用压力控制阀来控制系统整体或某一部分的压力,以满足液压执行元件对力或转矩的要求。

### 4.2.1 调压回路

调压回路使液压系统整体或部分的压力恒定或不超过某个数值。定量泵系统的供油压力由溢流阀调节,变量泵系统由安全阀限定系统的最高压力,防止过载。

在图 4-4 所示的调压回路中,图 4-4a 所示回路可实现二级调压,图 4-4b 所示回路可实现三级调压。注意,只有当所有遥控阀的调定压力都低于主阀的调定压力时,才能实现多级调压,而遥控阀之间的调定压力没有关系。当系统的压力由遥控阀调定时,主阀的先导阀口关闭,但主阀口开启,液压泵的溢流经主阀口流回油箱。

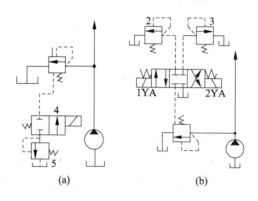

(a)　　　　　(b)

**图 4-4　调压回路**

### 4.2.2 减压回路

减压回路使系统中某一支油路具有较低的稳定压力。减压回路一般由定值减压阀与主油路相连,如图 4-5 所示。图 4-5a 中的单向阀用于支油路的短时保压;图 4-5b 所示回路可实现二级减压,但溢流阀 2 的压力调定值一定要低于减压阀 1 的压力调定值。

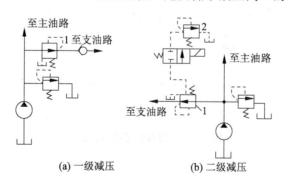

(a) 一级减压　　　　　(b) 二级减压

1—减压阀;2—溢流阀

**图 4-5　减压回路**

### 4.2.3 卸荷回路

卸荷回路可使液压泵输出的流量在很低的压力下流回油箱,以减少功率损耗。

利用三位换向阀 M,H 和 K 型中位机能可实现泵的卸荷,图 4-6a 所示为采用 M 型中位机能实现卸荷的回路。该回路中的单向阀用以保持 0.3 MPa 左右的控制压力。此外,通过电磁阀使溢流阀的远程控制口直接与油箱相连,便构成另一种先导式溢流阀的卸荷回路,如图 4-6b 所示。

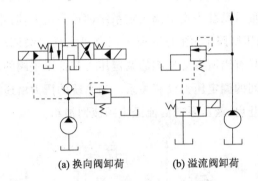

(a) 换向阀卸荷      (b) 溢流阀卸荷

图 4-6　卸荷回路

### 4.2.4　保压回路

保压回路可在执行元件停止工作或仅有工件变形所产生的微小位移的情况下使系统压力基本保持不变。采用密封性能较好的液控单向阀,利用油液的微量压缩可实现保压,但其保压时间较短。也可采用蓄能器进行保压,在需要保压时,由蓄能器向系统缓慢释放所贮存的能量,以维持系统压力,如图 4-7 所示。

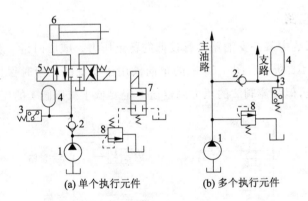

(a) 单个执行元件      (b) 多个执行元件

1—液压泵;2—单向阀;3—压力继电器;4—蓄能器;5—三位换向阀;6—液压缸;7—二位换向阀;8—溢流阀

图 4-7　利用蓄能器的保压回路

## 4.3　速度控制回路

速度调节回路是液压系统中的核心部分,它的工作性能的优劣将直接影响整个系统的性能。

### 4.3.1　调速回路

调速回路用于调节执行元件的运动速度,其调速原理如下:

直线运动(液压缸)速度为

$$v = \frac{q}{A} \tag{4-1}$$

旋转运动(液压马达)转速为

$$n = \frac{q}{V_{\mathrm{m}}} \tag{4-2}$$

式中：$q$ 为输入执行元件的流量；$A$ 为液压缸的有效面积；$V_{\mathrm{m}}$ 为液压马达的排量。

改变输入流量 $q$ 或改变液压缸的有效面积 $A$(或液压马达的排量 $V_{\mathrm{m}}$)均可实现调速。

目前工程上常用的调速方式主要有节流调速、容积调速和容积节流调速三种。

(1) 节流调速回路

节流调速回路由定量泵、溢流阀、流量阀(节流阀或调速阀)和定量执行元件等组成,通过改变流量阀通流截面积的大小来控制流入或流出执行元件的流量,以达到调速的目的。节流调速回路结构简单可靠、成本低、使用维护方便,但效率较低,在小功率系统中得到广泛应用。根据流量阀在回路中的位置不同,节流调速回路可分为进口节流调速、出口节流调速和旁路节流调速三种回路,如图 4-8 所示。

节流调速回路

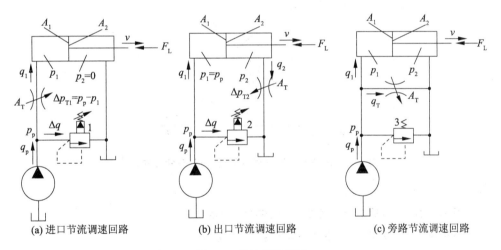

(a) 进口节流调速回路　　　　(b) 出口节流调速回路　　　　(c) 旁路节流调速回路

**图 4-8　节流调速回路**

在进口和出口节流调速回路中,泵的工作压力由溢流阀调定并保持恒定不变,而在旁路节流调速回路中,泵的工作压力随负载而变。

进口(出口)节流调速回路通过节流阀调节进入(流出)液压缸的流量大小实现调速,液压泵输出的多余油液均经溢流阀排回油箱。旁路节流调速回路则通过节流阀调节回油箱的流量大小,间接地调节进入液压缸的流量大小实现调速,回路中的压力阀起过载保护作用。由于流量阀阀口的变化范围较大,所以这种回路的调速范围较大。

1) 进口节流调速回路

对于图 4-8a 所示进口节流调速回路,当忽略泄漏和摩擦损失时,活塞的速度-负载特性为

$$v = \frac{q_1}{A_1} = \frac{CA_T(p_p A_1 - F_L)^\varphi}{A_1^{1+\varphi}} \tag{4-3}$$

式中：$v$ 为活塞运动速度；$q_1$ 为进入液压缸的流量；$A_1$ 为液压缸进油腔有效工作面积；$p_p$ 为液压泵供油压力；$A_T$ 为节流阀的几何开口面积；$C$ 和 $\varphi$ 分别为节流阀的系数和指数；$F_L$ 为液压缸外负载。

不同节流阀几何开口面积 $A_T$ 的进口节流调速回路的速度-负载特性曲线如图 4-9 所示。可见，当压力 $p_p$ 和节流阀几何开口面积 $A_T$ 调定之后，活塞速度随负载增加而减小，其最大载荷 $F_L = A_1 p_p$，此时速度降为零，活塞停止不动。另外，节流阀几何开口面积不同时，各曲线在速度为零时都汇交到同一点上，说明该回路的承载能力不受节流阀几何开口面积大小的影响。

活塞运动速度受负载的影响程度用回路的速度刚性 $k_v$ 来评定，其定义为

$$k_v = -\frac{\partial F_L}{\partial v} = \frac{A_1^{1+\varphi}}{CA_T(p_p A_1 - F_L)^{\varphi-1}\varphi} = \frac{p_p A_1 - F_L}{\varphi v} \tag{4-4}$$

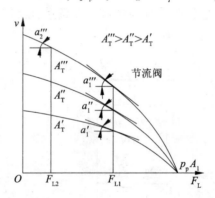

**图 4-9　进口节流调速回路的速度-负载特性曲线**

由图 4-9 和式(4-4)可知：

① 当 $A_T$ 不变时，负载 $F_L$ 越小，速度刚性 $k_v$ 越高。

② 当负载 $F_L$ 一定时，$A_T$ 越小，速度刚性 $k_v$ 越高。

③ 提高溢流阀的调定压力 $p_p$，增大液压缸的有效工作面积 $A_1$ 和减小节流阀的指数 $\varphi$，都可提高速度刚性 $k_v$，但这些参数的变化多半要受到其他因素的限制。

可见，该调速回路在低速轻载时的速度刚性较好；节流口为薄壁小孔时的速度刚性好。因此，进口节流调速适用于小功率系统，节流口应尽量加工成薄壁小孔。

2）出口节流调速回路

图 4-8b 所示的出口节流调速回路具有与进口节流调速回路相同的速度-负载特性，但存在下列不同：

① 出口节流调速回路能承受负值负载，并提高液压缸的速度平稳性。

② 进口节流调速回路易于利用进油腔工作压力的突变实现压力控制。

③ 对于单出杆液压缸，进口节流调速回路能获得更低的稳定速度。

④ 系统启动时,出口节流调速回路可能会有前冲现象,而进口节流调速回路可减小启动冲击。

⑤ 进口节流调速回路油液因节流升温后进入液压缸,会使泄漏增加。

3)旁路节流调速回路

旁路节流调速回路的速度-负载特性为

$$v=\frac{q_{\mathrm{p}}-CA_{\mathrm{T}}p_{\mathrm{p}}^{\varphi}}{A_{1}}=\frac{q_{\mathrm{pt}}-k_{\mathrm{pl}}\left(\dfrac{F_{\mathrm{L}}}{A_{1}}\right)-CA_{\mathrm{T}}\left(\dfrac{F_{\mathrm{L}}}{A_{1}}\right)^{\varphi}}{A_{1}} \tag{4-5}$$

式中:$q_{\mathrm{pt}}$ 为泵的理论流量;$k_{\mathrm{pl}}$ 为泵的泄漏系数;其他符号意义同前。

速度刚性为

$$k_{\mathrm{v}}=\frac{A_{1}F_{\mathrm{L}}}{\varphi(q_{\mathrm{pt}}-A_{1}v)+(1-\varphi)k_{\mathrm{pl}}\left(\dfrac{F_{\mathrm{L}}}{A_{1}}\right)} \tag{4-6}$$

旁路节流调速回路的速度-负载特性曲线如图 4-10 所示,结合式(4-6)可知:

① 当 $A_{\mathrm{T}}$ 不变时,负载 $F_{\mathrm{L}}$ 愈大,速度刚性 $k_{\mathrm{v}}$ 愈高。

② 在某负载 $F_{\mathrm{L}}$ 附近工作,速度 $v$ 愈高,速度刚性 $k_{\mathrm{v}}$ 愈高。

③ 加大活塞面积 $A_{1}$、减小节流阀指数 $\varphi$ 和提高泵的容积效率,可以增大速度刚性 $k_{\mathrm{v}}$。

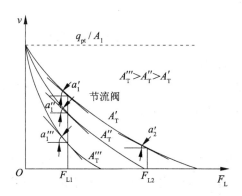

图 4-10　旁路节流调速回路的速度-负载特性曲线

在这三种节流调速回路中,由于节流阀两端的压差将随负载而变化,所以液压缸的输出速度也将随负载而变化。若用调速阀替换节流阀,在调速阀两端的压差大于其最小工作压差后,液压缸的输出速度将不随负载而变化。

由于进口和出口节流调速回路中的溢流阀和流量阀上均有功率损失,而旁路节流调速回路中仅在流量阀上有功率损失,故后者比前两者效率高。节流调速回路由于功率损失较大,效率较低,所以仅适用于中小功率、调速范围较宽、速度稳定性较高而制造成本较低的各类液压传动设备。

(2)容积调速回路

容积调速回路通过改变变量泵或变量马达的排量实现调速,回路中泵输出的流量全部进入执行元件,没有节流损失和溢流损失,其工作压力随负载而变化,故回路效率高,发热少。

容积调速回路按所用的执行元件不同可分为泵-缸式和泵-马达式两类。

1）泵-缸式容积调速回路

图 4-11 所示为变量泵-液压缸开式容积调速回路,通过改变变量泵 1 的排量来调节液压缸活塞的运动速度,安全阀 2 限定回路的最大压力。

该回路适用于负载压力高、功率大的直线运动场合,如推土机、液压机、大型机床的主体和进给运动系统等。

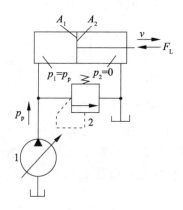

1—变量泵;2—安全阀

**图 4-11 泵-缸式容积调速回路**

2）泵-马达式容积调速回路

这种调速回路按变量泵、变量马达的不同组合,可分为变量泵-定量马达、定量泵-变量马达和变量泵-变量马达容积调速回路,如图 4-12 所示。

在图 4-12a 所示的调速回路中,若不计损失,则马达的转速 $n_M=q_p/V_M$。因此,调节变量泵的流量 $q_p$,即可调节马达的转速 $n_M$。当负载转矩恒定时,马达的输出转矩($T=\Delta p_M V_M/2\pi$)和回路工作压力 $p$ 都恒定不变,马达的输出功率($P=\Delta p_M V_M n_M$)与转速 $n_M$ 成正比,故本回路的调速方式又称为恒转矩调速。阀 7 为安全阀,补油泵 5 和溢流阀 6 使低压管路中具有一定压力,防止空气渗入和气穴现象出现,并将冷油送入回路促使热油回油箱带走回路中的热量。该回路调速特性见图 4-13a。

在图 4-12b 所示的调速回路中,由于液压泵的转速和排量均为常值,当负载功率恒定时,马达输出功率 $P_M$ 和回路工作压力 $p$ 都恒定不变,而马达的输出转矩与 $V_M$ 成正比,输出转速与 $V_M$ 成反比,所以这种回路又称为恒功率调速回路。这种回路调速范围很小,且不能用来使马达实现平稳地反向,所以这种回路很少单独使用。该回路调速特性见图 4-13b。

在图 4-12c 所示的调速回路中,采用了双向变量泵和双向变量马达,单向阀使补油泵 5 能双向补油,两个安全阀 7 可起双向过载保护作用。该调速回路是上述两种调速回路的组合。由于泵和马达的排量均可改变,故增大了调速范围,扩大了马达输出转矩和功率的选择余地。该回路在调速时,先将马达的排量调到最大,使马达输出最大转矩,再由小到大改变泵的排量,直至最大值,马达转速随之升高,此时回路处于恒转矩输出状态;为进一步加大马达转速,可由大到小改变马达的排量,此时输出转矩随之降低,而泵则保持最大功率输出状态,这时回路处于恒功率输出状态。这样的调速特性可满足一般工作部件低速大转矩的要求,该回路调速特性见图 4-13c。

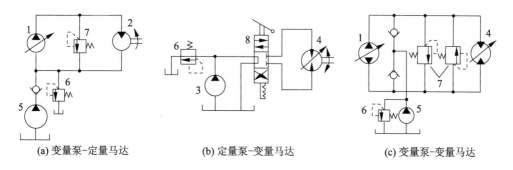

(a) 变量泵-定量马达　　　(b) 定量泵-变量马达　　　(c) 变量泵-变量马达

1—变量泵;2—定量马达;3—定量泵;4—变量马达;5—补油泵;6—溢流阀;7—安全阀;8—换向阀

**图 4-12　泵-马达式容积调速回路**

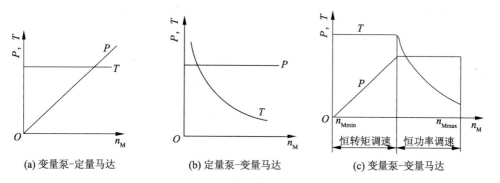

(a) 变量泵-定量马达　　　(b) 定量泵-变量马达　　　(c) 变量泵-变量马达

**图 4-13　泵-马达式容积调速回路调速特性曲线**

（3）容积节流调速回路

容积节流调速回路采用压力补偿型变量泵供油,用流量阀调节进入或流出液压缸的流量来实现调速,同时使泵的输油量自动地与液压缸的需油量相适应。这种调速回路无溢流损失,效率较高,速度稳定性也较好,常用在速度范围大、中小功率的场合。

图 4-14a 所示为由限压式变量泵和调速阀组成的容积节流调速回路。调速阀不仅使进入液压缸的流量稳定,而且还使泵的流量自动与缸所需流量相适应。图 4-14b 所示为该回路的调速特性,可见回路虽无溢流损失,但仍有节流损失,其大小与液压缸工作腔压力 $p_1$ 有关。

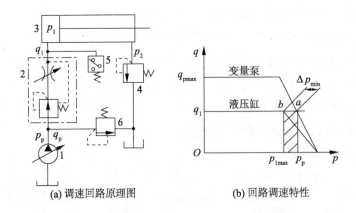

(a) 调速回路原理图　　　　(b) 回路调速特性

1—变量泵;2—调速阀;3—液压缸;4—背压阀;5—压力继电器;6—安全阀

**图 4-14　限压式变量泵-调速阀容积节流调速回路**

### 4.3.2　快速运动回路

为缩短辅助时间,提高生产效率,合理利用功率,机械设备上的空行程一般都希望做快速运动,实现快速运动有多种方案。

（1）差动连接快速运动回路

图 4-15 所示为液压缸差动连接快速运动回路。该回路通过换向阀的不同组合,可实现液压缸的差动连接快速运动、工进和快退。

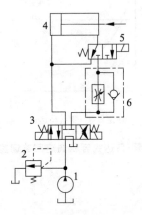

1—液压泵;2—溢流阀;3—换向阀;4—液压缸;5—换向阀;6—单向调速阀

**图 4-15　液压缸差动连接快速运动回路**

（2）双泵供油快速运动回路

图 4-16 所示为双泵供油快速运动回路。在快速运动时,大流量泵 1 与小流量泵 2 共同向系统供油;在工进时,系统压力打开顺序阀 3 使大流量泵 1 卸荷,由小流量泵 2 单独向系统供油。这种回路的功率损耗小,系统效率高,因而应用较为普遍。

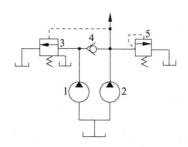

1—大流量泵；2—小流量泵；3—顺序阀；4—单向阀；5—溢流阀

**图 4-16　双泵供油快速运动回路**

### 4.3.3　速度换接回路

速度换接回路可使液压执行机构在一个工作循环中从一种运动速度换到另一种运动速度，包括快速转慢速和两种慢速的换接。实现这些功能的回路应该具有较好的速度换接平稳性。

**（1）快速转慢速的换接回路**

图 4-17 所示为用行程阀来实现快慢速换接的回路。当液压缸 7 快进到位挡块压下行程阀 6 时，活塞运动转变为慢速工进。该回路快慢速换接过程平稳、位置准确，但行程阀安装位置不能任意布置。若将行程阀改为电磁阀，由电气行程开关进行控制，则安装连接比较方便，但速度换接的平稳性、可靠性及换向精度都较差。

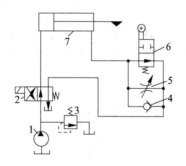

1—液压泵；2—换向阀；3—溢流阀；4—单向阀；5—节流阀；6—行程阀；7—液压缸

**图 4-17　用行程阀的速度换接回路**

**（2）两种慢速的换接回路**

图 4-18 所示为用两个调速阀实现两种慢速换接的回路。图 4-18a 为两个调速阀并联，由换向阀 3 实现速度换接。在该回路中，调速阀不工作时其减压阀阀口全开，速度换接瞬时流过较大流量，使工作部件产生前冲现象，故它不宜用于工作过程中的速度换接。图 4-18b 为两个调速阀串联，由换向阀 5 实现速度换接。在该回路中，要求调速阀 2 的开口量要调得比调速阀 1 的小。该回路速度换接较平稳。

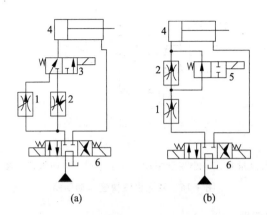

1,2—调速阀;3—二位三通换向阀;4—液压缸;5—二位二通换向阀;6—三位四通换向阀

**图 4-18　用两个调速阀的速度换接回路**

## 4.4　其他回路

### 4.4.1　顺序动作回路

顺序动作回路使多个执行元件严格按规定顺序动作,主要有行程控制和压力控制两类。

(1) 行程控制顺序动作回路

行程控制顺序动作回路利用工作部件到达一定位置时,发讯装置发出讯号来控制液压缸的先后动作顺序。图 4-19 所示为利用电气行程开关发讯控制电磁阀换向的顺序动作回路,该回路调整行程大小和改变动作顺序都很方便,且可利用电气互锁使动作顺序更可靠。

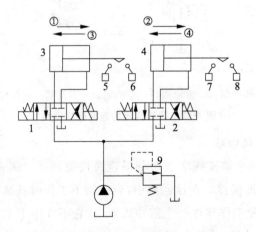

1,2—电磁换向阀;3,4—液压缸;5,6,7,8—行程开关;9—安全阀

**图 4-19　行程控制顺序动作回路**

(2) 压力控制顺序动作回路

压力控制顺序动作回路利用工作时油路压力上的差别使多个液压缸实现先后顺序动

作。图 4-20 所示为采用顺序阀进行压力控制的顺序动作回路,一般顺序阀的调定压力须比前一个动作压力高出 0.8~1.0 MPa。利用压力继电器也可实现顺序动作。系统中的压力波动和液压冲击等可能会引起回路的误动作。

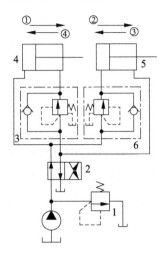

1—安全阀;2—换向阀;3,6—单向顺序阀;4,5—液压缸

图 4-20　压力控制顺序动作回路

### 4.4.2　同步动作回路

同步动作回路可保证系统中两个或多个液压缸在运动中位移相同或运动速度相等。

（1）串联液压缸同步回路

图 4-21 是一种带补偿装置的串联液压缸同步回路。

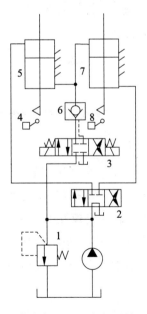

1—溢流阀;2—换向阀;3—电磁换向阀;4,8—行程开关;5,7—液压缸;6—液控单向阀

图 4-21　串联液压缸同步回路

111

液压缸 5 下腔和液压缸 7 上腔的有效工作面积相等,其上、下运动均可实现同步。但因泄漏和制造误差,两缸活塞可能产生同步位置误差。若不及时消除该误差,它就会不断积累,并对后续循环产生越来越大的影响。采用补偿装置后,在两缸活塞同时下行时,不论是液压缸 5 还是液压缸 7 的活塞先到达终点,均可通过挡块触动相应的行程开关,通过电磁换向阀 3 和液控单向阀 6 使另一个液压缸的活塞继续下行到达终点,以消除两缸的位置误差。该回路中两缸能承受不同的负载,但泵的供油压力要大于两缸负载所产生的工作压力之和,故它只适用于负载较小的场合。

(2)用调速阀控制的同步回路

图 4-22 所示为用调速阀控制两个并联液压缸的同步回路。两个调速阀,一个调节活塞的运动速度,一个调节同步,当两缸有效工作面积相等时,则流量也调节得相同;若两缸有效工作面积不相等,则改变调速阀的流量也能达到同步运动的目的。该回路的结构简单,但受温度变化及调速阀性能差异等影响,同步精度较低。

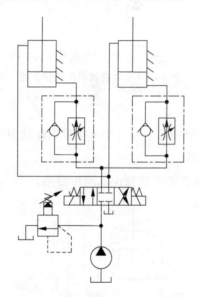

图 4-22　用调速阀控制的同步回路

### 4.4.3　多缸快慢速度互不干涉回路

在一泵多缸系统中,往往由于其中一个液压缸的快速运动而造成系统压力下降,影响其他液压缸工作速度的稳定,因此需要采取措施,防止液压缸之间的运动互相干涉。

图 4-23 所示为一种双泵双压多缸快慢速互不干涉回路。液压缸 6,7 可各自完成"快进→工进→快退"的工作循环。回路采用大、小流量泵分别给快、慢进液压缸供油,以消除液压缸快、慢进间的干扰,同时采用调速阀 3 和 10 消除液压缸工进间的干扰。

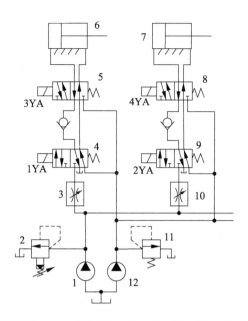

1,12—液压泵;2—溢流阀;3,10—调速阀;4,5,8,9—换向阀;6,7—液压缸;11—安全阀

**图 4-23　双泵双压多缸快慢速互不干涉回路**

## 4.5　典型机械的液压系统实例

液压系统是根据设备的工作要求选用合适的基本回路构成的。

### 4.5.1　组合机床滑台液压系统

1HY 系列滑台液压系统的工作原理及特点如下:

(1) 工作原理

图 4-24 所示为 1HY 系列滑台的进给液压系统,其完成的工作循环如表 4-1 所示。

滑台快进:滑台快进是由换向阀 12 将液压缸 7 接成差动连接,同时液压泵 14 输出最大流量实现的。压力油由液压泵 14 经单向阀 13、换向阀 12(左位)、行程阀 8(右位)进入液压缸 7 左腔;液压缸回油则经换向阀 12(左位)、单向阀 3、行程阀 8(右位)进入液压缸 7 左腔。

滑台Ⅰ工进:滑台快进到预定位置时,液压挡块压下行程阀 8,压力油进油路经调速阀 4 后进入液压缸 7 左腔,工进速度为 $v_1=q_1/A_1$。液压缸工进过程中,活塞克服负载前进,系统压力升高,液压泵流量减小,顺序阀 2 被打开,使液压缸回油流入油箱。

滑台Ⅱ工进:当Ⅰ工进结束时,电气挡块压下行程开关,电磁铁 3YA 得电,进油路上的压力油经调速阀 4、10 后进入液压缸 7 左腔,液压泵输出流量进一步减小,进给速度为 $v_2=q_2/A_1$。

死挡铁停留:当滑台以Ⅱ工进速度运行到预定行程时,活塞杆碰上死挡铁而被迫停止前进,刀具在原地转动,加工出相应平面后,压力继电器 5 被升高的液压油压力所触发,发出快退信号而告"停留"结束。

滑台快退:由压力继电器发出信号使电磁铁 1YA 断电、2YA 得电,换向阀 12 切换到右位,进回油路反向,液压缸快退。此时系统压力下降,液压泵 14 流量又自动增大。在快退开始阶段,液压挡铁尚没有放开行程阀 8,必须靠单向阀 6 提供回油油道。

滑台原位停止:当滑台快速退回到原位后,电气原位挡铁压下原位电气行程开关(终点开关),电磁铁 3YA 和 2YA 先后失电,这时换向阀 12 及其他各阀均回复到图 4-24 中的位置,液压缸两腔封闭,滑台停止运动,系统保持一定的卸荷压力。

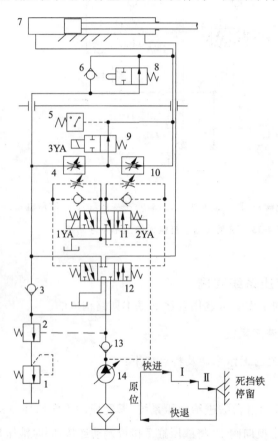

典型回路

1—背压阀;2—顺序阀;3,6,13—单向阀;4—Ⅰ工进调速阀;5—压力继电器;7—液压缸;8—行程阀;
9—电磁阀;10—Ⅱ工进调速阀;11—电液换向先导阀;12—电液换向主阀;14—液压泵

**图 4-24　1HY 系列滑台液压系统图**

**表 4-1　1HT 系列滑台液压系统动作顺序表**

| 动作名称 | 信号来源 | 电磁铁和液压元件工作状态 | | | | | | | |
|---|---|---|---|---|---|---|---|---|---|
| | | 1YA | 2YA | 3YA | 顺序阀 2 | 先导阀 11 | 换向阀 12 | 电磁阀 9 | 行程阀 8 |
| 滑台快进 | 启动按钮或夹紧完成信号 | + | − | − | 关 | 左位 | 左位 | 右位 | 右位 |
| 滑台Ⅰ工进 | 液压挡块压下行程阀 8 信号 | + | − | − | 开 | 左位 | 左位 | 右位 | 左位 |
| 滑台Ⅱ工进 | 电气挡块压下行程开关 | + | − | + | 开 | 左位 | 左位 | 左位 | 左位 |

| 动作名称 | 信号来源 | 电磁铁和液压元件工作状态 | | | | | | | |
|---|---|---|---|---|---|---|---|---|---|
| | | 1YA | 2YA | 3YA | 顺序阀2 | 先导阀11 | 换向阀12 | 电磁阀9 | 行程阀8 |
| 死挡铁停留 | 死挡铁 | ＋ | － | ＋ | 开 | 左位 | 左位 | 左位 | 左位 |
| 滑台快退 | 压力继电器5发信 | － | ＋ | － | 关 | 右位 | 右位 | 右位 | 左(右)位 |
| 滑台原位停止 | 原位挡铁压下原位开关 | － | － | － | 关 | 中位 | 中位 | 右位 | 右位 |

注:"＋"表示得电,"－"表示断电。

（2）系统特点

该系统采用了"限压式变量叶片泵-调速阀-背压阀"式的容积节流调速回路,既具有较好的速度刚性,又能保证低速运动的平稳性和避免失载时的前冲;采用快进时的差动连接和液压缸停止后液压泵的卸荷回路,使系统工作效率提高,能耗减少;采用行程阀和顺序阀实现快进与工进的换接,采用电磁阀实现两种工进的换接,使工作可靠,换接平稳,精度有保证。

### 4.5.2　叉车液压系统的工作原理

图 4-25 为动力叉车液压系统图。在动力叉车中,各执行部件动作循环的电磁铁动作顺序如表 4-2 所示。

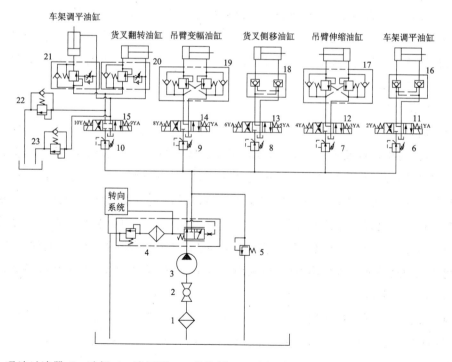

1—吸油过滤器;2—球阀;3—液压泵;4—优先阀;5—溢流(安全)阀;6,7,8,9,10—直动减压阀;
11,12,13,14,15—三位四通电磁换向阀;16,18—液压锁;17,19—双向平衡阀;20,21,22,23—单向平衡阀

**图 4-25　动力叉车液压系统图**

表 4-2　动力叉车作业系统电磁阀动作顺序表

| | 车架左倾 | 车架右倾 | 吊臂收回 | 吊臂伸出 | 货叉右移 | 货叉左移 | 变幅扬 | 变幅降 | 货叉上翻 | 货叉下翻 |
|---|---|---|---|---|---|---|---|---|---|---|
| 1YA | + | − | − | − | − | − | − | − | − | − |
| 2YA | − | + | − | − | − | − | − | − | − | − |
| 3YA | − | − | + | − | − | − | − | − | − | − |
| 4YA | − | − | − | + | − | − | − | − | − | − |
| 5YA | − | − | − | − | + | − | − | − | − | − |
| 6YA | − | − | − | − | − | + | − | − | − | − |
| 7YA | − | − | − | − | − | − | + | − | − | − |
| 8YA | − | − | − | − | − | − | − | + | − | − |
| 9YA | − | − | − | − | − | − | − | − | + | − |
| 10YA | − | − | − | − | − | − | − | − | − | + |

注:"＋"表示得电,"－"表示断电。

在该系统中,液压泵通过吸油过滤器 1 和球阀 2 从油箱吸油,根据转向速度的需要优先将进口流量分配给转向系统,再将进口流量的剩余部分从旁通油口流出,用于控制其他油路的液压执行器。安全阀 5 用于防止系统过载。

该系统包括车架调平、吊臂伸缩、货叉侧移、吊臂变幅、货叉翻转五个部分。其中,换向阀 11,12,13,14,15 组成一个阀组,各换向阀均为 M 型中位机能三位四通电磁阀,根据工作的具体要求,操纵各阀不仅可以分别控制各执行元件的运动方向,还可以通过控制阀芯的位移来实现节流调速。

(1)转向系统

液压转向系统是工程机械液压系统的重要组成部分之一,其性能的优劣直接影响整机的安全性、可操作性及工作效率。目前,工程机械中的液压转向系统多采用负荷传感全液压转向系统,液压优先阀是该系统中的关键元件。液压优先阀本质上可以认为是三通型定差分流阀,其可根据转向速度的需要优先将进口流量分配给转向油路。液压优先阀不仅能够在转向过程中保持转向器前后压差不变,还能在转向负载和工作负载变化时保持转向流量不变,使转向速度平稳可靠。同时,进口流量的剩余部分从旁通油口流出,用于控制其他油路的液压执行器,有效地利用了液压泵输入的功率,提高了系统效率。

(2)车架调平回路

调平油缸直接或间接作用于货叉上,当调平油缸的伸缩杆伸出时,车架整体向上倾斜;当调平油缸的伸缩杆缩回时,车架整体向下倾斜。调平油缸控制车架在一定的倾斜幅度内调节。

调平油缸受油路阀门组和油泵电机的控制,油路阀门组的切换用于控制整个油路的回路,控制主油路是否与调平油缸相连通。连通之后,开启油泵电机,就可以控制调平油缸的伸缩杆的伸缩量,从而控制车架是向上倾斜还是向下倾斜;在此,油泵电机用于控制调平油缸的进出油量,从而控制车架的倾斜幅度。当 1YA 得电时,车架左倾,其油路为

进油路:液压泵 3→优先阀 4→减压阀 6→换向阀 11(右位)→液压锁 16→车架调平油缸无杆腔。

回油路:车架调平油缸有杆腔→液压锁 16→换向阀 11(右位)→油箱。

当 2YA 得电时,车架右倾,油路基本上同车架左倾,只不过压力油进入车架调平油缸有杆腔。

（3）吊臂伸缩回路

吊臂由基本臂和伸缩臂组成,伸缩臂套装在基本臂中,吊臂的伸缩运动是由伸缩油缸来驱动的。为防止吊臂在停止阶段因自重作用而下滑,在吊臂伸缩回路中设置双向平衡阀17。换向阀 12 控制伸缩臂的伸出、缩回和停止三种工况。例如,当 3YA 得电,换向阀 12在右位工作时,吊臂缩回,其油路为

进油路:液压泵 3→优先阀 4→减压阀 7→换向阀 12(右位)→双向平衡阀 17→伸缩油缸有杆腔。

回油路:伸缩油缸无杆腔→双向平衡阀 17→换向阀 12(右位)→油箱。

（4）货叉侧移回路

货叉侧移就是由液压缸来调整货叉差距,以便于货物的插取和堆垛,从而大大提高叉车的灵活性和搬运效率,适用于叉车搬运和堆垛的各种工作场合。其油路路线类似于车架调平回路。

（5）吊臂变幅回路

吊臂变幅就是由液压缸来改变吊臂的起落角度。变幅运行也要防止因自重而下降造成的工作不安全,故在油路中也设置了双向平衡阀 18。换向阀 14 控制吊臂的增幅、减幅和停止三种工况。其油路路线类似于吊臂伸缩回路。

（6）货叉翻转回路

货叉翻转就是翻转驱动机构传动连接翻转架,以带动翻转架相对于货叉架进行翻转,从而能够自由地装卸、搬运大重量板件或板件堆。其安全可靠,不损伤货物,且效率高,成本低廉,简单易行。当 9YA 得电时,货叉翻转,其油路为

进油路:液压泵 3→优先阀 4→减压阀 10→换向阀 15(右位)→单向平衡阀 20,21→翻转油缸无杆腔、调平油缸无杆腔。

回油路:翻转油缸无杆腔、调平油缸无杆腔→单向平衡阀 20,21→换向阀 15(右位)→油箱。

（7）液压系统的特点

该动力叉车液压系统有以下特点:

① 该系统采用了优先阀,不仅能够将来自车载液压泵的油液根据转向优先的需求优先分配给动态负载敏感型的全液压转向器,以保证全液压转向系统的转向动作平稳顺畅,

还能够使得在转向开始阶段保持转向平滑，克服了静态优先阀在转向开始时出现转向"硬点"，即转向存在卡滞的缺点。

② 该系统采用中位机能为 M 型的三位四通电磁换向阀，能使系统卸荷，减少功率损失，适用于叉车的间歇工作。

③ 系统中采用了平衡回路、锁紧回路，保证了动力叉车操作安全、工作可靠和运动平稳。

 习 题

4.1 减压回路有何功用？

4.2 在什么情况下需要应用保压回路？试绘出使用蓄能器的保压回路。

4.3 卸荷回路的功用是什么？试绘出两种不同的卸荷回路。

4.4 什么是平衡回路？平衡阀的调定压力如何确定？

4.5 旁路节流调速回路有何特点？

4.6 如何利用两个调速阀实现两种不同速度的换接？

4.7 如图 4-26 所示，液压泵输出流量 $q_p=15$ L/min，液压缸无杆腔面积 $A_1=50$ cm$^2$，液压缸有杆腔面积 $A_2=25$ cm$^2$，溢流阀的调定压力 $p_y=2.4$ MPa，负载 $F=10$ kN。节流阀口视为薄壁孔，流量系数 $C_d=0.62$。油液密度 $\rho=900$ kg/m$^3$。试求：(1)节流阀口通流面积 $A_T=0.05$ cm$^2$ 和 $A_T=0.01$ cm$^2$ 时的液压缸速度 $v$、液压泵压力 $p_p$、溢流阀损失 $\Delta p_r$ 和回路效率 $\eta$ 各为多少？(2)当 $A_r=0.01$ cm$^2$ 和 $A_r=0.02$ cm$^2$ 时，若负载 $F=0$，则液压泵的压力 $p_p$ 和液压缸两腔压力 $p_1$，$p_2$ 各为多少？(3)当 $F=10$ kN 时，若节流阀最小稳定流量为 $q_{ptmin}=50\times10^{-3}$ L/min，所对应的 $A_r$ 和液压缸速度 $v_{min}$ 为多少？若将回路改为进口节流调速回路，则 $A_r$ 和 $v_{min}$ 为多少？把两种结果相比较，能说明什么问题？

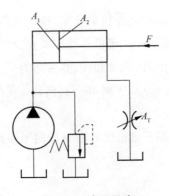

图 4-26 液压回路

4.8 如图 4-27 所示的调速回路，液压泵的排量 $V_p=105$ mL/r，转速 $n_p=1\,000$ r/min，容积效率 $\eta_{vp}=0.95$，溢流阀调定压力 $p_y=7$ MPa，液压马达排量 $V_M=160$ mL/r，容积效率

$\eta_{vM}=0.95$,机械效率 $\eta_{mM}=0.8$,负载转矩 $T=16\ N\cdot m$。节流阀最大开度 $A_{T\max}=0.2\ cm^2$（可视为薄壁孔口），其流量系数 $C_d=0.62$,油液密度 $\rho=900\ kg/m^3$。不计其他损失。试求：(1) 通过节流阀的流量和液压马达的最大转速 $n_{M\max}$、输出功率 $P$ 和回路效率,并解释为何效率很低；(2) 如果将 $p_y$ 提高到 8.5 MPa,$\eta_{M\max}$ 将为多少?

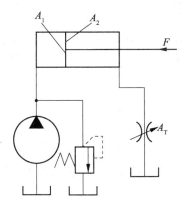

图 4-27　调速回路

4.9　如图 4-28 所示的液压回路中,如果液压泵的输出流量 $q_p=10\ L/min$,溢流阀的调定压力 $p_y=2\ MPa$,两个薄壁孔型节流阀的流量系数都是 $C_d=0.67$,开口面积 $A_{T1}=0.02\ cm^2$,$A_{T2}=0.01\ cm^2$,油液密度 $\rho=900\ kg/m^3$。在不考虑溢流阀的调压偏差时,试求：(1) 液压缸大腔的最高工作压力；(2) 溢流阀可能出现的最大溢流量。

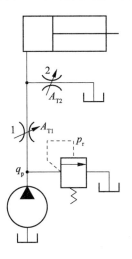

图 4-28　液压回路

4.10　列表说明图 4-29 所示压力继电器式顺序动作回路是怎样实现 1234 顺序动作的。分析在元件数目不增加的情况下,在排列位置容许变更的条件下如何实现 1243 的顺序动作,画出变动顺序动作后的液压回路图。

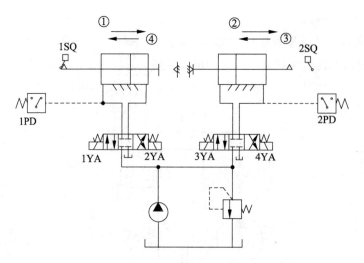

图 4-29　压力继电器式顺序动作回路

液压传动与控制

第5章

# 液压系统的安装、调试与维护

液压系统的工作是否正常、性能是否达到要求,与系统的设计、安装、调试和维护等多方面因素有关,安装不良、维护不当都将使系统工作不正常,甚至出现故障。

## 5.1 液压元件的安装

### 5.1.1 液压泵的安装

液压泵安装不良将会引起振动、噪声,影响工作性能和缩短使用寿命。因此,在安装时应注意:

① 液压泵和电动机要安装在具有足够刚度的同一个基础上;液压泵与电动机之间由弹性联轴器连接,其同轴度误差应控制在 $\phi 0.1$ mm 范围内,倾斜角不得大于 $1°$。

② 泵的中心不得高于液面 500 mm;泵的中心线低于液面时,吸油管上应安装截止阀。

③ 液压泵的旋转方向和进、出油口应符合要求;进、出油口要可靠密封。

④ 安装联轴器时,不要用力敲打泵轴,以免损坏泵的转子。

### 5.1.2 液压缸的安装

液压缸的安装要扎实可靠,管道连接应紧固,缸的安装面与活塞的滑动面应保持足够的平行度和垂直度。安装时需注意:

① 液压缸的中心轴线要与负载作用力的中线保持同轴,或与物体的运动方向保持平行,液压缸中心轴线的直线度误差应小于 $\phi 0.1$ mm/全长,与机床导轨的平行度误差应小于 $0.1$ mm/全长。

② 大行程和高温工作场合,液压缸的一端要保持浮动以避免热膨胀的影响。

### 5.1.3 液压阀类元件的安装

在安装液压阀类元件时,需要注意:

① 在无安装位置要求时,应尽量安装在便于使用、维修处。方向控制阀一般水平安装。

② 安装时要注意各种阀类元件的进、出油口的方位;不用的油口应堵死。

③ 对于需要调整的阀类,一般顺时针旋转为增加流量或压力;反之为减少流量或压力。

④ 按产品说明书中的规定进行安装。

### 5.1.4　液压管道的安装

液压系统的安装是用管道把各种液压元件连接起来组成回路,管道的选择是否合理、安装是否正确、清洗是否干净,对液压系统的工作性能有很大的影响。

(1) 管道的检查

在选定管道后,需对管道进行检查。管道内外侧已腐蚀或有明显变色、管道被割口、壁内有小孔、表面有管径的 10%～20% 的凹入、有壁厚的 10% 以上深度的伤口裂痕等情况时均不能使用。对于弯曲的管道,其弯曲半径要符合规定要求。

(2) 吸油管的安装及要求

吸油管要尽量短、弯曲少、管径不能过细;吸油管要严格密封,不得漏气;在吸油管上安装的滤油器的通油能力至少为泵的额定流量的 2 倍,同时要考虑清洗时拆装方便。

(3) 回油管的安装及要求

① 系统的主回油管及溢流阀的回油管应伸到油面以下,以防止油液飞溅而混入气泡。溢流阀的回油管不允许和泵的进油口直接连通,以避免油温上升过快。

② 各类元件的泄油管不允许有背压,以免影响阀的正常工作。

③ 水平安装的油管,应有 3/1 000～5/1 000 的坡度。

(4) 压油管的安装及要求

压油管应尽量安装在靠近设备和基础处,同时还要便于支管的连接和检修。压油管要安装牢固,在振动处要适当增加阻尼,以防止压油管振动。

(5) 橡胶软管的安装及要求

橡胶软管用于有相对运动部件间的连接,安装时应注意:

① 避免急转弯,其弯曲半径应大于 9～10 倍外径,至少应在离接头 6 倍直径处弯曲。软管弯曲时同软管接头的应安装在同一运动平面上,以防扭转。

② 软管应有一定余量,以满足其受压时长度和直径的变化(长度变化约为 ±4%)的需要。

③ 软管在安装和工作时,不应有扭转现象;不与其他管道接触,以免磨损破裂;同时应尽量远离热源,否则要装隔热板。

④ 软管过长或承受急剧振动时宜用夹子夹牢,用于高压的软管应尽量少用夹子。

⑤ 软管要以最短距离或沿设备轮廓安装,并尽可能平行排列。

另外,在进行整个设备的管道配置时要注意,管路应平行或垂直布置,尽量减少交叉;管路之间应有 10 mm 以上的空隙,以防止干扰和振动;管线要尽量短、转弯数少、过渡平滑,而且管道和元件要拆卸方便;管道应在平直部分接合。

### 5.1.5　液压辅助元件的安装

（1）滤油器

① 滤油器一定要按滤油器壳体上标明的液流方向安装,不能装反。

② 液压泵吸油管上安装的网式滤油器的底面与液压泵的吸油管管口的距离是 2/3 的滤油器网高,并且滤油器一定要全部浸入油面以下。

③ 在清洗滤油器时,对于金属编织的方孔网滤芯可用刷子在汽油中刷洗;对于高精度滤芯需用超净的清洗液或清洗剂清洗;对于金属丝编织的特种网和不锈钢纤维烧结毡等可以用超声波清洗或液流反向冲洗。在清洗时应堵住滤芯端口,防止污物进入滤芯腔内。

④ 当滤油器压差指示器显示红色信号时,要及时清洗或更换滤芯。

（2）蓄能器

蓄能器一般应垂直安装,气阀向上,并在气阀周围留有一定的空间,以便检查和维护。

蓄能器安装要牢固并远离热源,且不得用焊接方法固定;蓄能器和液压泵之间应设单向阀,以防止蓄能器的压力油向液压泵倒流;蓄能器和管路之间应设截止阀,供充气、检查、调整或长期停机时使用;蓄能器充气后,各部分绝对不允许拆开、松动,以免发生危险;蓄能器装好后,应充以惰性气体（例如氮气）,一般充气压力为系统最低使用压力的 80%～85%。

所有辅件应严格按照设计要求的位置进行安装并使其整齐、美观,同时尽可能考虑使用、维修方便。

## 5.2　液压系统的清洗

液压系统在安装和运行前必须进行严格的清洗,以去除系统内部的各种杂质,保证液压系统正常工作,延长元件使用寿命,避免造成重大事故。

### 5.2.1　第一次清洗

液压系统的第一次清洗是在预安装后将管路全部拆下解体时进行。此次清洗应把大量的、明显的、可能清洗掉的金属毛刺与粉末、砂粒灰尘、油罐涂料、氧化铁皮、棉纱、胶粒等污物全部清洗干净。

### 5.2.2　第二次清洗

第二次清洗是把第一次安装后残存的污物清洗干净,然后进行第二次安装组成正式系统。第二次清洗的步骤和方法:

① 清洗油的准备。清洗油应选择被清洗的机械设备的液压系统工作用油或试车油。

② 滤油器的准备。清洗管道上应接上 80 目和 150 目的临时回油滤油器,分别供清

洗初期和后期使用,以滤出系统中的杂质和脏物,保持油液干净。

③ 加热装置的准备。将清洗油加热到 50～80 ℃,则容易清除管道内的橡胶泥渣等杂物。

④ 清洗油箱。液压系统清洗前,首先应对油箱进行清洗。清洗后,用绸布或乙烯树脂海绵等将油箱擦干净,才能盛入清洗用油,绝对不允许用棉布或棉纱擦洗油箱。

第二次清洗前应将溢流阀在其入口处临时切断,将液压缸进、出油口隔开,在主油路上连接临时通路,组成清洗回路。

清洗时,在运转泵的同时对油进行加热,使油液在清洗回路中自行循环清洗。可用锤子对焊接处和管道反复地、轻轻地敲打以促进脏物脱落。在清洗初期,使用 80 目的过滤网,达到预定清洗时间的 60％时,可换用 150 目的过滤网。

根据过滤网中所过滤的杂质种类和数量,确定第二次清洗工作是否结束。第二次清洗结束后,泵应在油温降低后停止运转,以避免外界湿气引起锈蚀。油箱应全部清洗干净,最后进行全面检查,符合要求后再将液压缸、阀连接起来,为调整试车做好准备。在正式调整试车前加入实际使用的工作油液,空载断续开车(每隔 3～5 min) 2～3 次后,再连续开车 10 min,使整个系统进行油液循环。经再次检查回油过滤网中没有杂质后,方可转入试车程序。

## 5.3 液压设备的调试与运转

### 5.3.1 液压设备的调试

(1) 调试的目的与内容

调试的目的是了解和掌握液压系统的工作性能与技术状况,及时排除和改善出现的缺陷和故障,以保证液压系统稳定可靠地工作。同时,积累调试中的第一手资料并纳入设备技术档案,以便能尽快诊断出故障部位和原因,并制订出排除对策,从而缩短故障停机时间。

调试的内容主要有:将系统的各项参数调整到设计所要求的技术指标;使整个液压系统的工作性能达到稳定可靠;判别整个液压系统的功率损失和油温变化状况;检查各可调元件的可靠程度及各操作机构的灵敏性与可靠性;修复或更换不符合设计要求和有缺陷的元件。

(2) 调试前的准备工作

① 仔细研究系统中各元件的作用、实际安装位置、结构、性能和调整部位,认真分析系统的压力、速度变化以及系统的功率利用情况。然后确定调试的内容和方法,准备好调试工具和仪表等,并制订调试方案、工作步骤、调试操作规程及安全技术措施等,以避免设备故障和人身事故的发生。

② 深入现场检查各个液压元件的安装及其管道连接是否正确可靠;各液压元件、管

道和管接头位置是否便于安装、调节、检查和修理;压力表等仪表的安装位置是否便于观察;油箱中的油液及油面高度是否符合要求;各个液压部件的防护装置是否具备和完好可靠。

（3）系统压力的调试

系统压力的调试从主溢流阀开始,其后逐个调整各分支回路的压力阀,压力调定后,要锁紧所有调整螺杆。

调压前,先放松要调节的压力阀的调节螺钉,同时调整好执行机构的极限位置,利用执行机构或液压元件使系统建立压力。按设计压力或实际工作压力逐渐升压,直到所需压力值为止。

溢流阀的调整压力一般比最大负载时的工作压力大 10%～20%;减压阀的压力应在溢流阀的调整压力达到要求值后,再调到要求值,并观测压力是否稳定;压力继电器的调定压力应比它所控制的执行机构的工作压力高 0.3～0.5 MPa;顺序阀的调整压力应比先动作的执行机构的工作压力大 0.5～0.8 MPa。液压泵的卸荷压力一般控制在 0.3 MPa 以内;执行机构的背压一般在 0.3～0.5 MPa 范围内;回油管道的背压一般在 0.2～0.3 MPa 范围内。

调压时要注意:不得在执行机构运动状态下进行调压;在检查压力表工作正常后再进行调压;必须按规定的压力值或实际使用要求的压力值进行调节;压力调节后必须紧固所有调节螺钉,防止松动。

（4）系统流量的调试

① 液压马达的转速调试。先将液压马达与工作机构脱开,在空载状态先点动,再从低速到高速逐步调试,然后反向运转。同时,检查壳体温升和噪声是否正常。待空载运转正常后,再停机将液压马达与工作机构连接;再次启动液压马达,并从低速至高速负载运转。

② 液压缸的速度调试。速度调试应逐个回路进行,在调试一个回路时,应关闭其他回路。调节速度时必须同时调整好导轨的间隙和液压缸与运动部件的位置精度,避免传动部件发生过紧和卡住现象。在调试过程中应排除缸内的空气,并应同时调整缓冲装置,直至满足机构的平稳性要求。应在正常油压和油温下进行调速。对速度平稳性要求高的系统,应在负载状态下观察其速度变化情况。调速结束后,再调节各液压缸的行程位置、程序动作和安全联锁装置。各项指标均达到设计要求后,方能进行试运转。

### 5.3.2　液压设备的运转

（1）运转前的外观检查

检查液压阀的进、出口和回油口连接是否正确,并重新紧固;检查各种指示仪表的状态、位置是否符合设计要求;清除液压设备上的杂物与污物,防护装置应完好无损;核对液压油的种类和牌号,油箱油面高度应在规定范围内;检查电源和电器控制线路（电压、频率、电源及电磁阀的电磁铁)是否符合要求;检查管路深入油箱的深度是否符合要求。

(2)启动前的准备工作

启动前的准备工作主要包括:运动部件的润滑;检查液压泵旋向是否正确;检查泵轴的平稳性和同轴性是否符合要求;检查油液的温度是否在要求范围内。

(3)预备性试运转

① 启动。通常采用点动,经几次反复确认无异常现象后再进行空载连续运转。

② 无负荷运转。无负荷运转时间一般为 20～30 min,此时油液温升不得超过 6 ℃。

③ 无负荷程序运转。操纵换向阀使执行元件按程序运动,并检查各元件是否灵敏可靠。

④ 压力调整运转。依次调整系统的压力阀,并检查其稳定性、调压范围和准确程度。

⑤ 流量调整运转。通过流量阀调整执行元件的运动速度,并观察速度的变化范围和最小稳定速度。

⑥ 短时间负荷运转。一般采取短时间的间断加载。

⑦ 全负荷运转。运转中仔细观察运转状态并对压力、速度、转矩、冲击、振动、噪声、油温、油面高度、泄漏等进行综合检查。运转正常后,应锁紧各调整部位,再次紧固固定件。

## 5.4 液压设备的保养与维护

### 5.4.1 液压设备的使用与维护要求

设备的正确使用与精心保养维护,可以防止机件过早磨损和遭受不应有的损坏,从而延长使用寿命,同时也可使设备经常处于良好的技术状态,发挥应有的效能。

液压设备使用与维护时要注意:要按设计规定和工作要求合理调节液压系统的工作压力和工作速度;要按规定的油品牌号选用液压油,经过滤后加入系统,并定期取样化验,若油质不合要求则必须更换;油液的工作温度应控制在 35～55 ℃范围内;电磁阀工作电压的波动值应小于额定电压的 5%～15%;一定要在有完好压力表的情况下工作或调压;电气柜、电气盒、操作台和指令控制箱等应有盖子或门并关好,以免积污;及时查找并排除系统故障,以免造成大事故;定期检查润滑管路、润滑元件、润滑油质量及油量是否达到要求;经常检查和定期紧固管件接头、法兰盘等,以防松动,并定期更换高压软管;定期更换密封件。

### 5.4.2 液压设备的维护、保养规程

① 操作者必须熟悉本设备主要元件的作用,熟悉液压系统原理,掌握系统动作顺序。

② 操作者要经常监视系统的工作状况,观察工作压力和速度,保证系统工作稳定可靠。

③ 设备启动前,应检查所有运动机构及电磁阀是否处于原始状态,油箱油量是否充

足,压力表指针是否在零位。若发现异常或油量不足,应及时找维修人员进行处理。

④ 冬季油温低于 25 ℃时,只能先使液压泵空运转,当油温达到要求时才可正常工作。夏季油温高于 60 ℃时,要注意液压系统的工作状况,并通知维修人员进行处理。

⑤ 长期停机(4 h 以上)的液压设备,在开始工作前,应先启动液压泵电机 5~10 min (泵空载运转),然后才能带压力工作。

⑥ 操作者不准损坏电气系统的互锁装置,不准用手推动电控阀,不准损坏或任意移动各操纵挡块的位置,不准私自调节或拆换各液压元件。

⑦ 当液压系统出现故障时,操作者不准私自乱动,应立即报告维修部门。维修部门有关人员应尽快到现场,对故障原因进行分析并排除。

⑧ 液压设备应保持清洁,防止灰尘、切削液、切屑、棉纱等杂物进入油箱。

⑨ 操作者要按设备点检卡上规定的部位和项目认真点检。

### 5.4.3　维护、保养计划的安排

(1) 点检

液压设备的点检,就是按规定的点检项目,检查液压设备是否完好、工作是否正常,从外观进行观察,听运转声音或用简单工具、仪器进行测试,以便及早发现问题,提前进行处理,避免因突发事故而影响生产和产品质量。通过点检可以把液压系统中存在的各种不良现象排除在萌芽状态;可以为设备维护提供第一手资料,确定修理项目,安排检修计划,找出故障规律,以及确定油液、密封件和液压元件的使用寿命和更换周期。

液压设备点检的主要内容:所有元件及连接处是否有外泄漏;液压泵或液压马达运转时是否有异常噪声等现象;液压缸移动时是否正常平稳;系统中各测压点压力是否在规定范围内,压力是否稳定;油液温度是否在允许范围内;液压系统工作时有无高频振动;电气控制或挡铁控制的换向阀工作是否灵敏可靠;油箱内油量是否在油标刻线范围内;行程开关或限位挡铁的位置是否有变动,固定螺钉是否牢固可靠;系统手动或自动工作循环时是否有异常现象;停车时,压力表指针是否在零位;定期对油箱内的油液进行取样化验,检查油液质量;定期检查和紧固重要部位的螺钉、螺母、法兰螺钉等。

点检的方法是听、看、试。检查结果用规定符号记在点检卡上。

(2) 定期维护内容和要求

① 定期紧固。液压设备在工作过程中由于换向冲击、振动等,会使管接头和紧固螺钉松动,需定期检查并进行紧固。对中压以上的液压设备,应每月紧固一次;对中压以下的液压设备,可每隔 3 个月紧固一次。

② 定期更换密封件。间隙密封由于长期频繁的往复运动,导致磨损而使间隙增大,丧失密封性,所以要定期更换修理。弹性密封件经长期使用会发生老化及产生永久变形,丧失密封性,必须定期更换。目前我国密封件的使用寿命一般为一年半左右。

③ 定期清洗或更换液压件。定期清洗与更换液压件是确保液压系统可靠工作的重

要措施。一般液压阀每 3 个月清洗一次,液压缸每年清洗一次。在清洗的同时应更换密封件,装配后各主要技术参数应达到使用要求。

④ 定期清洗或更换滤芯。过滤器经过一段时间的使用,会因滤芯被堵塞而影响系统正常工作。因此,要对过滤器定期清洗或更换滤芯。初次使用,应一个月内清洗一次。一般的过滤网 3 个月左右清洗一次。

⑤ 定期清洗油箱。液压系统工作时,一部分脏物会积聚在油箱底部,有时脏物又被液压泵吸入系统,使系统产生故障。因此,要定期清洗油箱。初次使用,应一个月内清洗一次。一般每隔 4~6 个月清洗油箱一次。

⑥ 定期清洗管道。油液中的脏物会积聚在管道的弯曲部位和油路的流通腔内,这既增加了油液流动的阻力,脏物又会被油液冲下来随油液而去,可能堵塞某个阻尼小孔而产生故障,因此要定期清洗。对于可拆的管道应拆下来清洗,对于大型自动线液压管道可每隔 3~4 年使用清洗液(50~60 ℃)进行冲洗。在加入新油前必须用本系统所要求的液压油进行最后清洗。要选用具有适当润滑性能的矿物油作为清洗油,其黏度为 $(13\sim17)\times10^{-6}$ m²/s。

⑦ 定期过滤或更换油液。油液过滤是一种强迫滤除油液中杂质颗粒的方法,它能使油液的杂质颗粒量控制在规定范围内。对于各类设备,要定期对油液进行强迫过滤及定期更换。

5.1 液压元件安装应当注意哪些事项?

5.2 液压系统使用前应如何进行清洗工作? 这项工作的意义是什么?

5.3 液压系统调试过程中压力和流量如何调试?

5.4 液压系统如何进行维护和保养? 为什么要维护和保养? 保养的周期是多久?

5.5 液压系统点检的含义是什么?

# 第6章

# 液压传动系统常见故障及诊断方法

## 6.1 液压传动系统常见故障类型

液压传动系统作为工业装备和国防装备的核心动力传输系统,其工作的可靠性是保证设备高精度、高速、连续、稳定运行的关键。但其故障具有隐蔽性、多样性、耦合性及不确定性等多种特点,发生故障时较难迅速查找出原因和定位。系统一旦发生故障,轻则造成停机或影响产品质量,重则会使整个生产线瘫痪,造成巨大的经济损失,甚至发生机毁人亡的灾难事故,产生严重的社会影响。因此,深入了解液压传动系统常见故障并开展故障诊断方面的研究显得尤为重要。

液压传动系统常见故障主要有以下几种类型:

(1)泄漏

在液压传动系统中经常发生油液泄漏现象,使得设备运行精度降低,甚至不能够正常运行,造成大量的资源浪费。

(2)高温

若液压传动系统长期处于运转状态或长期未能获得保养与维修,系统内部的温度就会上升,一旦升温至上限,系统中的元件就很容易产生变形甚至损坏,系统中的油液也会出现变质现象。

(3)振动与噪声

液压传动系统的振动与噪声故障相对明显,会对设备的稳定运转产生不利影响。若出现了较大的噪声,就要根据实际情况分析噪声的成因。

(4)堵塞

若液压传动系统内部相关元件产生损伤,或者控制元件和执行元件并未到达指定位置而产生了错乱现象,就会使液压传动系统出现堵塞故障。

## 6.2  液压传动系统故障基本特征

机械设备液压系统一般由机械、液压、电气及其仪表等装置有机地组合而成,其故障受各方面因素的综合影响。

液压设备中出现的故障可能是多种多样的,大多数情况下几个故障会同时出现,或同一故障可能由多个原因引起,而且这些原因常常是互相交织在一起相互影响的。即使是同一原因,因其程度的不同、系统结构的不同,以及与其配合的机械结构的不同,所引起的故障现象也可能是多种多样的。液压系统的故障除了与液压本身的因素有关外,机械、电气部分的弊端也会与液压系统的故障交织在一起,使故障变得复杂,新设备的调试更是如此。液压系统的故障中有些是偶然发生的,没有一定的规律;有些是持续不断经常发生并具有一定规律的必然故障。由于很难观察到液压系统的内部情况,直接判断出产生故障的主要原因是比较困难的。液压系统的故障往往会呈现出多重特点,所以当系统出现故障时,短时间很难确定故障的部位和产生故障的深层原因。

液压传动系统的故障主要有以下几个方面的特点:

(1)隐秘性

当前大部分采用液压传动的机械设备中,液压传动系统都是在密封的空间内完成运转的,加之其运转介质相对独特,使得所产生的故障不易被相关操作人员发现。另外,液压传动装置的损坏与失效,往往发生在深层内部,由于不便拆装,若工作现场的检测条件也很有限,则难以直接观测故障。因此,隐秘性是液压传动系统故障的一大特征。

(2)多元化

在深入研究液压传动系统相关故障后,能够看出引发故障的因素具备多元化的特点,例如出现噪声超标、压力波动,可能是由于液压油产生外泄,也可能是由于机械或电气故障。

(3)复杂性

液压传动系统的故障较为复杂,且牵一发而动全身,部分故障很有可能导致整个液压系统乃至机械设备出现瘫痪,例如液压系统的阀门及泵出现问题,就会导致相应的工程事故。

(4)机电液耦合性

液压系统是一个集机、电、液、仪表于一体的综合系统,它的故障通常表现为机械故障、电气故障、液压故障复杂耦合,使得液压设备故障诊断面临巨大困难。

(5)交错性

液压系统故障的症状与原因之间存在各种各样的重叠与交叉。一个症状可能由多种原因引起;一个故障源也可能引起多处的症状;一个症状还可能同时由多个故障源叠加形成。

（6）随机性

液压系统在运行过程中，受到各种各样的随机性因素的影响，故障具体发生的变化方向不确定，会造成判断与定量分析的困难。

（7）差异性

由于设计、加工材料及应用环境等的差异，液压元件的磨损劣化速度相差很大。一般的液压元件寿命标准在现场无法应用，只能对具体的液压设备与液压元件确定具体的磨损评价标准。

设备不同运行阶段的故障特征如下：

（1）新试制设备调试阶段的故障特征

新试制设备调试阶段的故障率较高，存在的问题也较复杂，其特征是设计、制造、安装、管理等问题交织在一起。一般常见的故障有外泄漏严重、速度不稳定、执行机构动作失灵或动作混乱、压力不稳定或无压力、系统发热量大、同步动作不协调等。

（2）定型设备调试阶段的故障特征

定型设备调试时故障率较低，主要是由于管理不善或安装不当，或运输中损坏造成的故障，主要表现为有外泄漏、压力不稳定或动作不灵活、有污物进入系统、装配时漏装或错装弹簧等零件、加工质量或安装质量差造成阀芯动作不灵活等。

（3）设备运行初期的故障特征

设备运行初期的故障主要表现为接头振动松脱、少数密封件损坏造成漏油、堵塞造成压力不稳定和工作速度变化、油温升高引起泄漏、工作压力和速度不稳定等。

（4）设备运行中期的故障特征

设备运行到中期阶段，由于各易损件先后开始正常的超差磨损，因此故障率逐渐上升，系统中内、外泄漏量增加，系统效率明显降低。此时，应对液压系统和元件进行全面检查、修理或更换有严重缺陷和已失效的元件，对系统进行全面修复。

（5）运行中偶发事故性故障特征

运行中偶发事故性故障特征是偶发突变，故障区域及产生原因较为明显。例如，碰撞事故使零部件明显损坏、异物落入液压系统产生堵塞、管路突然爆裂、内部弹簧偶然断裂、电磁铁线圈烧坏、密封圈断裂等。

## 6.3　液压元件常见故障表现

液压传动系统关键组成元件——液压泵、液压缸、液压马达、液压阀常见故障表现形式如下。

### 6.3.1　液压泵的常见故障

液压泵是液压系统的能源部分，若液压泵出现故障不能正常工作，将使整个液压传动系统瘫痪。液压泵的主要故障及产生原因如下：

（1）泵的噪声过大

进油管道太细、进口滤油器通流能力太小或堵塞、油液黏度过高、油面太低吸油不足、进油管吸入空气、安装精度过低或有松动、高压管道中产生液压冲击等，均会产生噪声。在泵的出口处安装蓄能器，使用橡胶垫减振，确保安装精度，正确设计油箱，正确选择滤油器、液压油、油管、方向控制阀，防止气穴现象和油中掺混空气等可缓解泵的噪声。

（2）泵的排油量不足或不排油

泵内部滑动零件严重磨损、泵装配不良、泵内机构工作不良、吸油不足、油液黏度过低、泄漏过大、有吸气现象、泵安装不良等都会造成泵排油不足或不排油。修复或更换磨损零件、重新装配或安装、保持正常油液黏度、改善吸油管路的通流状况等可排除此类故障。

（3）漏油

液压泵漏油使大量液压能变成热能，促使油温升高、工作条件恶化。液压泵的漏油可分为内漏和外漏两种，内漏使泵的输出流量减小，压力升不高，而外漏除导致以上这些弊病外，还污染环境，所以要减小内漏，避免外漏。减小内漏的办法是适当调整泵的运动间隙，间隙过大，内漏增加；间隙过小，摩擦增大。造成外漏的原因有密封件安装不良或配合过松或已损坏，零件密封面严重划伤，密封轴或沟槽加工不良，外接泄油管过细、过长或未接泄油管等。重新安装或更换密封件、严格按尺寸加工油封沟槽、安装泄油管，可有效解决外漏问题。

（4）压力不足或压力升不高

引起液压泵输出压力不足或压力升不高的主要原因有溢流阀压力调得过低、液压泵泄漏严重、泵的驱动功率不足、吸油不足、其他元件泄漏过大等。要根据具体情况，重新调整溢流阀的压力，或重新计算驱动功率使其与负载相匹配，查找系统泄漏情况采取措施提高密封效果。

（5）异常发热

液体摩擦和机械摩擦均可使液压泵过度发热。机械摩擦生热是由于运动表面处于干摩擦或半干摩擦状态而引起的。液体摩擦生热是由于高压液体通过各种缝隙泄漏到低压处，特别是泵的内泄，使大量的液压能损失转变为热能。油泵装配或安装不良、油液黏度过大或污染严重、油箱太小或散热条件差、环境热源高等都会引起异常发热。正确选择运动件之间的间隙、油箱容量、冷却器的大小，可以解决泵过度发热、油温过高的问题。

### 6.3.2 液压缸的常见故障

液压缸是液压系统的执行元件，它的故障直接影响系统的工作。液压缸的主要故障有：液压缸漏油；液压缸输出无力；液压缸动作不灵敏，有阻滞现象；液压缸动作缓慢；液压缸破损。

液压缸故障中问题最多、影响安全、污染环境的是外泄漏问题。液压缸的外泄漏主要由密封件损坏、缸筒与端盖接合部密封不良及进油管接头处松动等引起。液压缸的其他故障多由液压缸的内、外泄漏,吸入空气,溢流阀压力调得过低,液压缸的装配和安装不良等因素引起。所以,及时检查并更换已破损的密封件、排空液压缸中的空气及防止空气吸入、严格按技术要求进行装配和安装等,可有效防止和及时排除故障。

### 6.3.3　液压马达的常见故障

液压马达是液压系统输出旋转机械运动的执行元件。液压马达的特殊问题是启动转矩和启动效率等问题,这些问题与液压系统的故障有一定的关系。液压马达常见故障及产生原因如下:

(1) 液压马达回转无力或速度迟缓

这种故障往往与液压泵输出功率有关,液压泵一旦发生故障,将直接影响液压马达。造成这种故障的原因有:① 液压泵出口压力过低。除因溢流阀调整压力不够或溢流阀发生故障外,原因多在液压泵上。液压泵出口压力不足,使液压马达回转无力,因而启动转矩很小,甚至无转矩输出。解决办法是针对液压泵产生压力不足的原因进行排除。② 流量不够。液压泵供油量不足和出口压力过低导致液压马达输出功率不足,因而输出转矩较小。此时,应检查液压泵的供油情况,查找供油不足的原因并加以排除。

(2) 液压马达泄漏

① 液压马达泄漏量过大,容积效率大大降低。泄漏量不稳定,引起液压马达抖动或时转时停(即爬行)。此现象在低速时比较明显,因为低速时进入液压马达的流量小,泄漏量大,易引起速度波动。泄漏量的大小与工作压差,油液的黏度,液压马达的结构形式、排量大小及加工装配质量等因素有关。

② 外泄漏引起液压马达制动性能下降。用液压马达起吊重物或驱动车轮时,为防止重物自动下落或车轮在斜坡上自动下滑,必须有一定的制动要求。液压马达进、出油口切断后,理论上马达应该完全不转动,但实际上仍在缓慢转动(即有外泄漏),重物缓慢下落或车轮在斜坡上缓慢下滑会造成事故。解决办法是检查密封性能,选用黏度适当的液压油,必要时另设专门的制动装置。

(3) 液压马达爬行

液压马达爬行是低速时容易出现的故障之一。液压马达最低稳定转速是指在额定负载下不出现爬行现象的最低转速。造成液压马达在低转速时爬行的原因有:① 摩擦阻力的大小不均匀或不稳定。摩擦阻力的变化与液压马达的装配质量、零件滑动表面磨损、润滑状况、液压油的黏度及污染度等因素有关。② 泄漏量不稳定。泄漏量不稳定,导致液压马达出现爬行现象。高速时因其转动惯性大,爬行并不明显;而低速时惯性较小,就会明显地出现转动不均匀、抖动或时动时停的爬行现象。③ 液压系统混有空气。

为了避免或减少液压马达出现爬行现象,维修人员应做到根据温度与噪声的异常变化及时判断液压马达的摩擦、磨损情况,保证相对运动表面有足够的润滑;选择合适的油液并保持清洁;保持良好的密封性,及时检修泄漏部位,并采取防漏措施。若系统混有空气,则需要排出空气。

(4) 液压马达撞击与脱空

某些液压马达,如曲柄连杆式液压马达,由于转速的提高,会出现连杆时而贴近曲轴表面,时而脱离曲轴表面的撞击现象。再如多作用内曲线式液压马达,做回程运动时,柱塞和滚轮因惯性力的作用会脱离导轨曲面(即脱空)。为了避免发生撞击和脱空现象,必须保证回油腔的背压。

(5) 液压马达噪声

液压马达噪声和液压泵一样,主要有机械噪声和液压噪声两种。机械噪声由轴承、联轴节或其他运动件的松动、碰撞、偏心等引起。液压噪声由压力与流量的脉动,困油容积的变化,高、低压油瞬时接通时的冲击,油液流动过程中的摩擦、涡流、气蚀、空气析出、气泡溃灭等引起。

一般噪声应控制在 80 dB 以下,如果噪声过大,则应根据其发生的部位及原因采取相应的措施予以降低或排除。

### 6.3.4 液压阀的常见故障

液压阀是液压传动系统的控制元件,若液压阀出现故障,将会使系统的压力、流量、液流方向等的控制失灵,从而影响系统的正常工作。

(1) 压力阀的常见故障

压力阀的主要故障是调压失灵或调压不稳,从而引起系统压力不稳、减压阀不减压、顺序阀不起作用等系统故障。主阀芯上的阻尼孔被堵、泄油孔被堵(减压阀和顺序阀)、阀芯被卡死、弹簧折断或弯曲等均可引起压力阀的故障。及时清洗(特别是主阀芯阻尼孔和泄油孔)、更换已损零件可防止及排除故障。

(2) 方向阀的常见故障

控制压力过低、管路或阀泄漏、阀芯卡死等都可能引起液控单向阀反向不通或不密封等故障,而电磁铁故障、液控油路故障、阀芯卡死或安装不良等均可导致换向阀阀芯不动作而影响整个系统的正常工作。所以,保证控制压力、安装良好等对方向阀的正常工作很重要,特别是换向阀,安装时螺钉不宜拧得过紧,以防阀体变形而使阀芯卡死。

(3) 流量阀的常见故障

流量阀的常见故障是流量调节失灵与流量不稳定。复位弹簧力不足、阀芯卡死、压力补偿阀阀芯工作失灵或油液过脏将节流口堵塞等都可造成流量调节失灵,而节流口开口过小、阀口有污物、泄漏、油液污染等都使流量不稳定。及时清洗、修理或更换磨损零件,更换污染油液等,可有效地改善流量阀的工作性能。

## 6.4  液压系统常见故障表现

液压系统在工作过程中发生的故障有突发性的和渐发性的两种。突发性故障,如泵或马达烧损、液压阀电气部分烧损或零件损坏以及管路破损等,常与装配质量、磨损程度及操作、维护不当等因素有关。因此,这些故障多发生在系统运行的初期和后期,日常操作和维护不当引起的故障也可能发生在中期。而渐发性故障,如工作机构出力不足、运动变慢等,往往发生在系统运行的后期。操作人员和维修人员的任务是最大限度地减少突发性故障。在液压系统中,某一元件破损常常可导致一系列元件破损。例如,滤油器破损后,往往引起泵、阀和执行元件破损。因此,在液压系统中,防止突发性故障的发生具有特殊的重要性。

### 6.4.1　液压系统故障的初期表现

一般情况下,突发性故障发生之前常常伴随有种种不正常的征兆。液压系统的故障无论是渐发性的还是突发性的,从潜在故障发展为功能故障时,都会有一些故障的初期信息表现出来。只要在使用过程中细心留意,认真检查,并加强察觉不正常征兆的能力,就能及时发现故障前兆,从而避免整个液压系统遭到损坏。

液压系统故障前兆可归纳为以下几个方面:

① 出现不正常的声音;

② 出现执行机构速度下降或输出无力现象;

③ 出现油箱液位明显下降现象;

④ 出现工作介质变质现象;

⑤ 出现外泄漏现象;

⑥ 出现油温过高现象;

⑦ 出现管路损伤、松动及振动现象;

⑧ 出现不正常的气味等。

### 6.4.2　液压系统常见故障现象

液压系统的故障现象是复杂多样的,经常出现的是压力类故障、动作类故障以及振动、噪声、油温过高、泄漏、系统污染等故障。在不同的运行阶段,液压系统有不同的故障现象。

（1）新试制设备调试阶段的故障

新试制设备在调试阶段故障率较高,存在的问题较为复杂,其特征是设计、制造、安装调整及质量管理等问题交织在一起。一般情况下,新试制设备调试阶段液压系统常见的故障现象有:

① 接头、端盖等处外泄漏严重;

② 工作速度不稳定;

③ 脏物使阀芯卡死或运动不灵活,造成液压缸或液压马达动作失灵;

④ 控制阀阻尼孔被堵塞,造成系统压力不稳定或压力调不上去;

⑤ 某些阀类元件漏装了弹簧或密封件,甚至管道接错而使动作混乱;

⑥ 设计不妥,液压元件选择不当,使系统发热,或同步动作不协调,位置精度达不到要求等。

(2) 定型设备调试阶段的故障

定型设备调试时的故障率相对较低,主要是搬运中损坏或安装时失误造成的一般容易排除的故障。其表现如下:

① 外部有泄漏;

② 压力不稳定或动作不灵活;

③ 液压件及管道内部进入脏物;

④ 元件内部漏装、错装弹簧或其他零件;

⑤ 液压件加工质量差或安装质量差,造成阀芯动作不灵活。

(3) 设备运行中出现的故障

液压设备在运行中出现的故障,除因污物堵塞阻尼孔道或卡阻阀芯造成系统动作失灵外,常见的有四类,即漏油、发热、振动和噪声。这四类故障有时单独出现,有时伴随出现,也有时伴随别的故障同时或略滞后出现。特别是设备运行到中期以后,各类液压元件因工作频率和负荷条件的差异,各易损件先后开始正常的超差磨损。在此阶段,故障率逐渐上升,主要表现为:

① 由于零件磨损,液压系统内、外泄漏量增加,效率降低;

② 某些元件失效,造成系统动作失灵或不能控制;

③ 使用不合理(如液压油污染控制不当),造成系统发热;

④ 出现振动和噪声;

⑤ 液压油中出现泡沫或水;

⑥ 执行元件不动作或误动作。

## 6.5　液压设备故障诊断步骤

为了查找故障原因,不仅要掌握液压传动的基本知识和具备处理液压故障的初步经验,而且要熟知设备的情况。只有在了解整个系统的传动原理、结构特点的基础上,根据故障现象,逐步深入分析,有目的、有方向地逐步缩小可疑范围,才可能确定出故障的区域、部位,以至于某个元件。所以,具有一定的分析故障原因、准确判断故障部位的能力是十分重要的。一般而言,造成故障的主要原因不外乎三种:设计不完善或不合理;操作安装有误;使用、维护、保养不当。第一种故障原因必须经充分分析研究后进行改装、完善,后两种故障原因可以用修理及调整的方法解决。

液压设备故障诊断的主要步骤如下:

(1) 熟悉设备性能和资料

详细了解设备与各液压元件的结构、技术性能、特点、工作原理、运行要求及主要技术参数。

（2）调查了解情况

现场了解故障前后的工作状况和异常现象、故障部位、故障现象及此前排除该类故障的经验。

（3）现场观察

根据设备运行情况，观察系统压力变化、速度变化和动作顺序等工作情况，以及噪声、泄漏等各种故障现象，查找故障部位。

（4）查阅技术档案

查阅设备技术档案，了解设备的制造日期、液压件状况、运输途中有无损坏、调试及验收的原始记录以及以往是否有过类似故障。

（5）归纳分析判断

对所有有关该故障的情况和资料进行综合分析，由系统外部到系统内部逐步查找原因，同时将机械、电气、液压三方面联系在一起考虑，找出故障的可能原因。

要迅速有效地排除故障，正确判断故障部位非常重要。在分析故障原因时，应逐渐排除无关的区域和因素，把目标缩小到某个单元或元件。此外，查找故障原因还需要其他相关领域的知识和丰富的经验，所以平时注意相关知识和经验的积累是很重要的。

查找故障原因时，可根据液压传动系统图进行分析。首先要熟悉本系统的工作原理，以及本系统所使用的元件结构和技术性能，然后逐步找出故障原因，并提出排除对策。

（6）组织实施

在摸清情况的基础上，制定出切实可行的排除故障的措施，并组织实施。对于必然故障，必须彻底排除；对于偶然故障，做出相应处理。

（7）总结经验

排除故障后，要总结经验，为今后开展故障诊断提供参考依据。

（8）纳入设备档案

将本次故障的现象、部位、排除方法及注意事项作为资料纳入设备技术档案，以便今后对设备故障进行诊断时查阅和参考。

（9）建立故障档案

故障档案是设备维修工作的真实记录和原始依据，它对了解设备使用的历史情况、分析故障原因和制订排除对策都很有价值，是实现故障管理的基础资料。故障档案的主要作用包括：根据故障的原因和性质改进管理，制定相关的规章制度及进行技术培训；根据易出故障部位、系统缺陷和修理中的遗留问题，改进维修计划；根据故障记录，改进修理方法和完善维修计划。

液压系统发生故障时，常常较难立即找出故障部位和根源。为了避免盲目查找故障，技术人员必须根据液压系统的基本原理进行逻辑分析，减少怀疑对象，逐渐逼近并找出故障发生部位。当然，这种分析只是定性的，若能结合检测仪器仪表进行检测判断，则可显著提高诊断的准确性。

排除液压系统故障通常有两种出发点：

① 从主机故障出发。这种方法一般用于液压系统的故障引起主机本身的故障，即执行机构不能正常工作。

② 从系统故障出发。这种方法一般用于液压系统的故障在短时间内没有影响到主机，如过多的泄漏、温度的变化等。

当然，这两种故障有时会同时产生。如泵的故障导致主机故障，主机的执行机构不能正常工作，并导致噪声增大。

一般排除主机故障时可参考如下顺序：

第一步：在执行机构启动时，明确已产生的故障。如运动速度不符合要求、输出的力不合适、没有运动、运动不稳定、运动方向错误、动作顺序错误、爬行等。不论出现哪种故障，都可以指出故障的基本方向，如流量、压力、方向、方位等。

第二步：查阅液压系统图，根据系统的组成，识别每个元件及其在系统中的作用。

第三步：列出对故障可能产生影响的元件目录。如一个液压缸的速度变慢，可认为是流量不足所引起的，此时应列出对液压缸的流量可能造成影响的元件目录，如液压缸本身的泄漏、压力控制阀或换向阀泄漏过大、流量阀阀口部分被堵塞等。

第四步：从元件目录中列出检查的重点和部位，进行初步试验，并进行整理。

第五步：在完成初步试验的基础上，进行调整与校正，并判断反常信号，如温度过高、噪声过大、有振动等。

第六步：根据初步检查中所找出的不合适的元件，进行修理和更换。如果初步检查未找出不合格的元件，则应利用各种检测仪器仪表对每个零件进行更彻底的检查。

第七步：在排除故障后重新启动主机前，还要考虑每个元件对故障的影响，并防患于未然。如是由油液不清洁引起的故障，则可预料到故障的进一步发展，并采取防范措施；如是系统中元件有爆裂引起的故障，则可能有碎片进入系统，必须将碎片清除掉。

查找故障原因，排除系统故障，不仅需要一定的基础理论知识，也需要丰富的实践经验，这既需要参阅有关书籍，学习他人的经验，也需要在实践中不断总结，逐渐提高诊断故障的水平。

## 6.6 液压设备故障诊断方法

液压设备往往是结构复杂且精度高的机、电、液一体化综合系统，系统具有机电液耦合、非线性、时变性等特点。引起液压故障的原因较多，加大了故障诊断的难度。但是液压系统故障有其自身的特点和规律，正确把握液压系统故障诊断方法，深入研究液压系统的故障诊断、检测技术，具有很强的实用性和现实意义。

依据液压传动系统故障诊断的技术特点，诊断方法可分为以下几个发展阶段：

（1）基于人的主观诊断方法

主观诊断法也称为人工诊断法，通常是液压设备发生故障后第一时间采用的方法，它主要是靠维修人员利用自己所掌握的理论知识以及积累的实践经验,通过感官等方式,借助简单的检测仪器测试液压基本性能参数,找到故障位置和发生故障的原因,并提出相应的解决办法。这种方法不仅要求液压设备维修人员拥有理论知识,还要求其具有丰富的实践经验和较强的分析能力。对于复杂液压设备,液压系统的故障往往发生在某一局部,仅仅依靠个别专家的经验和知识无法对故障进行准确判断,所以人工诊断法具有局限性。

人工诊断法主要分为系统顺序分析法、参数比较法、方框图分析法等。系统顺序分析法是采用从大到小逐渐缩小范围的方式,以快速诊断和及时排除故障。如参照液压系统原理图,结合故障现象,找到故障的局部范围,最终确定发生故障的元件。参数比较法是利用仪器仪表等装置显示的液压系统的压力、流量、温度等性能参数,与正常工况下的预定值进行比较,判断系统发生故障的位置。方框图分析法是一种逆向思考方法,即首先根据故障现象,将可能引起这一现象的原因一一列出,然后结合现场的工况和系统原理,逐步找出发生故障的原因。

人工诊断法可归纳为看、问、听、摸、闻。"看"即观察系统的真实现象;"问"即了解设备平时的运行情况;"听"即判别系统工作声音是否正常;"摸"即体察正在运动的部件表面;"闻"即了解油液是否有异味变质。

看:看执行机构的运行速度、系统的压力值是否正常;看油液是否清洁、是否变质、油中气泡情况及油量、黏度是否符合要求;看系统是否有外泄漏;看产品质量判断运动机构的工作状态及系统的压力和流量的稳定性;看总回油管的回油情况。

问:问系统工作是否正常及液压泵有无异常现象;问液压油的更换时间及滤网清洗或更换情况;问故障前调压阀或调速阀的调节情况;问故障前密封件或液压件的更换情况;问故障前后系统工作时有哪些不正常现象;问过去出现故障情况及故障原因与排除方法等。

听:听液压泵及系统噪声是否过大、元件是否有尖叫声;听系统工作时各元件是否有冲击声;听油路板内部是否有微细而连续的泄漏声;听液压泵运转时是否有敲打声。

摸:摸液压泵、油箱和阀体外表面,判别其温升是否正常;摸运动部件和管子有无振动;摸工作台低速运动时有无爬行现象;摸挡铁、微动开关、紧固螺钉等的松紧程度。

闻:闻一闻油液是否有异味变质。

此外,可采用浇油法查找进气部位,当油浇到怀疑部位时故障现象消失即找到故障根源。

在分析故障原因时,主观诊断只是简单的定性判断,有时为了查清液压系统的故障原因,还需停机拆卸某些元件,送到试验台上做定量的性能测试。

该类故障诊断方法简单,分析过程和结果易于理解。但它过于依赖检修人员的判断能力和实践经验,只能对故障进行简单的定性分析,做不到定量分析。另外,由于人的感觉不同,判断能力和实践经验亦存在差别,所以诊断结果不可避免地存在差异,维修决策的合理性、正确性难以保证。当系统比较复杂时,这类方法的诊断过程会变得非常复杂,费时又费力。

（2）基于数学模型的诊断方法

基于数学模型的诊断方法需要建立被诊断对象的精确数学模型,主要有状态估计法、参数估计法等。状态估计法是通过建立液压系统的精确数学模型,将模型状态的输出值和实际测量的参数值进行比较,形成残差序列,运用分离算法将故障从残差序列中检测出来。参数估计法不需要计算残差序列,而是通过统计工作压力、温度、系统的流量等参数的变化特性来检测发生故障的位置。

该类方法对于简单的系统较为适用,但对于现代工业生产过程中的复杂系统就显得无能为力。大规模的复杂系统不仅具有滞后性、强耦合性及参数时变性等严重的非线性特性,而且还存在过程不确定性和外界干扰等多种不良因素的影响,噪声统计特性也不理想,因此难以建立精确的数学模型,甚至不存在确定的数学模型,这些原因导致诊断过程很难实现在线状态估计或参数估计。此外,对于系统的故障诊断过程而言,基于数学模型的诊断方法具有针对性强的特点,一旦确定了数学模型,其诊断能力在很大程度上就已经确定了,所以它的功能很难继续扩充及修改,通用性较差。

由于液压系统中的液压元件工作在封闭油路中,工作过程不像机械传动那样直观,也不像电气设备那样易于测量运行参数,参数的可测性较差,从而导致所测得的故障信息存在不完备性。而且影响液压系统特性的因素又多种多样,这些原因使得基于数学模型的诊断方法不能满足对复杂液压系统进行故障诊断的现实需要。

（3）基于数据驱动和信号处理的诊断方法

随着计算机技术和传感器技术的发展,为预防故障的发生和提高诊断效率,实时在线监控概念被提出,逐步形成了基于数据驱动和信号处理的诊断方法。基于数据驱动和信号处理的故障诊断方法不需要建立数学模型,而是对于液压系统的输入参数和输出参数的变化趋势,通过频谱分析、小波技术等特征提取法提取出幅值、相位、频率等,对其进行分析确定发生故障的位置。在液压系统中,通过对在工作过程中必然产生的振动和噪声信号进行处理,基于数据驱动和信号处理的故障诊断方法被广泛应用于液压泵等液压元件的诊断。

这类方法首先是用传感器采集获取系统的某些可测量的运行参数,这些运行参数在幅值、相位、频率及相关性等方面与故障源之间存在着诸多联系,然后通过信号处理技术分析、处理这些运行信息来判断故障发生的原因。从诊断过程来看,这类方法的实质是以传感器技术和动态测试技术为手段、以信号处理和建模处理为基础的诊断技术,衍生出了很多有效的故障诊断方法,例如,时间序列分析法、功率谱分析法、倒频谱分析法、小波分析法等,这些方法都表现出简单实用且鲁棒性强的特点,但是同样存在一定的局限性。

（4）基于智能技术的诊断方法

智能诊断技术是随着信息科学技术和人工智能技术的迅速发展而产生的,它是人工智能技术、计算机技术与液压系统故障诊断技术相结合的产物,也是诊断技术发展进步的必然结果。它以常规诊断技术和信号处理技术为基础,以人工智能为核心技术,构建出智能化诊断模型和诊断系统。特别是知识工程、专家系统和人工神经网络在各领域中的广泛应用，促使人们对智能诊断技术进行更加深入、系统的研究。液压系统故障的多样性、突发性和成因的复杂性，以及故障诊断过程对领域专家实践经验和诊断策略的高度依赖，使研制智能化的液压故障诊断系统成为该领域当前的发展趋势。

1) 基于专家系统的诊断法

专家系统实质是一种基于知识的人工智能计算机程序，用来解决常规难以解决的困难问题。一般的专家系统由知识库、推理机制和解释机制三部分组成。专家系统是用户将故障现象通过人机界面输入计算机，计算机从知识库中提取出某种知识表达方式下的相应的知识，按照一定的规则在推理机中推理出故障发生的原因，并通过人机界面向用户解释分析过程。知识库是专家系统的核心部分，决定了专家系统的能力，也就是知识库中知识的质量和数量决定了专家系统的质量水平。因此，专家系统的知识库通过领域专家与系统装机的交互获取知识，并不断地修改和丰富知识库中的知识，同时知识库中的知识是通过一种或者几种知识表达方式表示的，使其具有很强的解释能力，也正是这些优点使得专家系统在知识获取和知识表达方式方面存在难题。专家系统存在知识获取比较困难的问题；同时，当规则较多时，推理中存在匹配冲突、组合爆炸等问题，导致推理速度变慢、效率低下。

2) 基于神经网络的诊断法

人工神经网络是模仿人类大脑神经元系统对信息的记忆和学习等而设计出的一种具有人脑感知、识别、学习、联想、记忆、推理等功能的信息处理系统。神经网络根据输入信号，在训练样本的基础上输出运行结果，如液压系统发生故障的原因。神经网络具有记忆、自学习、联想、推测、容错和分布式并行信息处理等能力，较好地解决了专家系统中出现的无穷递归、组合爆炸及匹配冲突等问题，并使计算速度大大提高。

基于神经网络的智能诊断的优势体现在以下几个方面：① 从模式识别角度来看，神经网络可用于分类器故障诊断。② 从预测角度来看，利用神经网络能够实现动态预测模型，并对故障进行准确预测；利用神经网络的非线性动态能力，能够实现结构映射故障诊断。③ 从知识处理角度来看，基于神经网络的专家诊断系统一旦出现新问题，利用神经网络具有的自学习功能对权值不断调整，可以提高故障诊断率，有效降低误报率或者减少漏报问题的产生。

但是，在实际运用过程中，采用神经网络故障诊断方法也存在一些问题，如学习算法收敛速度慢、训练样本获取困难、不能解释推理过程和推理结果等。

3) 基于故障树分析的诊断法

故障树分析法是将故障与引起这一故障的所有可能原因绘制成树形结构的一种图形法，从故障现象按树木生长由根到枝进行逐级分析，能够直观地反映故障和产生故障的原因之间的相互关系。因此，建立完善的故障树就成为故障诊断的关键点，这就需要掌握故障机理以及故障发生的概率等相关知识，来保证分析结果的准确性。考虑发生概率的大小、检测成本和信息量大小,对故障树进行搜索,最终得出最优分析结果。故障树分析法简单直观,但建立故障树时需要罗列出导致故障发生的所有可能原因,对于大型或复杂的液压系统,有可能漏掉部分元件或部件故障原因。

4) 基于模糊理论的诊断法

基于模糊理论的诊断法是借助模糊数学中的模糊隶属关系提出的诊断方法,液压系统故障中存在着许多概念不清晰、模糊的边界,而且液压系统中参数之间相互影响,动力从动力源处依次传递,系统中不同元件可能会造成一样的故障发生,也会出现同一元件的故障表现出不同的现象,当同时有多个元件发生故障时情况更加复杂,对故障的诊断有很大的困难。基于模糊理论的诊断法通过模糊逻辑来表征故障发生的原因与故障现象两者间的模糊关系,采用专家的经验为实际问题建立隶属函数和模糊关系,这种方法诊断速度较快。

5) 基于支持向量机的诊断法

早期的统计学习理论一直停留在抽象的理论和概念的探索中,它在模式识别问题中往往趋于保守,数学上比较艰涩,在 20 世纪 90 年代以前都没有提出能够将其理论付诸实现的有效方法,加之当时正处在其他学习方法飞速发展的时期,因此该理论一直没有得到足够的重视。到 20 世纪 90 年代中期,随着该理论的不断发展和成熟,也由于神经网络等学习方法在理论上难以有实质性进展,统计学习理论受到越来越广泛的重视,并在其基础上又发展了一种新的学习方法——支持向量机。

支持向量机(Support Vector Machine,SVM)的诞生较好地解决了以往许多学习方法中的小样本、非线性和高维数等实际难题,并克服了神经网络等学习方法中网络结构难以确定、收敛速度慢、易陷于局部极小值、过学习与欠学习,以及训练时需要大量数据样本等不足,可以使在小样本情况下建立的分类器具有很强的推广能力,为液压系统故障的智能诊断提供了一种新的研究方法。

6) 基于混沌分形理论的诊断法

混沌是非线性动力学系统所特有的一种运动形式,广泛地存在于自然界、人类社会,以及自然科学、社会科学等各个领域。混沌学与相对论、量子力学被誉为 20 世纪物理学的三大发现。

混沌吸引子具有自相似结构。混沌是在时间尺度内反映世界的复杂性,分形则是在空间尺度上反映世界的复杂性,二者之间有密不可分的内在联系:混沌是时间尺度上的分形,而分形则是空间尺度上的混沌。分形理论的发展为复杂的非线性系统的故障诊断提供了新的方法。

7) 基于 Lyapunov 指数及关联维数的诊断法

近几十年来,Lyapunov 指数已经被广泛地用于判别系统的混沌行为,进行故障诊断,并成为一种极其重要的判别工具。Lyapunov 指数值表征系统混沌的程度,为系统的预测和决策提供重要信息。

当系统处于混沌态时,最大 Lyapunov 指数大于零;而当系统处于周期态时,最大 Lyapunov 指数小于零,利用这一点就可以确定系统的阈值:最大 Lyapunov 指数从大于零变为小于零的时刻所对应的参数值就是阈值。所以,Lyapunov 指数不仅是判别混沌存在与否的重要指标,也可以用来求取系统从混沌态跃变到周期态的阈值,为系统状态判断提供有效工具。

此外,由于设备结构及其工况的复杂性,其非线性因素的影响程度是不同的,因此有时很难仅通过频谱分析来对设备的工作状态及时准确地做出评价。近年来,众多学者利用关联维数分析方法的非线性分析能力,进行了大量的理论研究及工程应用。

8) 基于信息融合技术的诊断法

信息融合技术的基本原理和出发点是:充分利用多个信息源,通过对它们所提供信息的合理支配和使用,把多个信息源在空间或时间上的互补信息按照某种准则进行组合,以获得对被测对象的一致性解释或描述,从而使该信息系统的性能优于各信息子集简单组合所获得的性能。把多传感器信息融合技术应用于故障诊断系统中,可提高系统故障的诊断精度,并在一定程度上获得精确的状态估计,从而改善检测性能,提高诊断结果的置信度,同时充分利用传感器资源,最大限度地发挥系统功能和提高信息资源的利用率。

信息融合技术在故障诊断中的应用方法很多,常用的信息融合方法有贝叶斯参数估计、D-S 证据理论、卡尔曼滤波、模糊逻辑理论和神经网络理论等。

目前,故障诊断方法及应用技术虽然已有了长足的发展,但对于大型、复杂系统的在线运行检测与故障诊断,仍需要对各种运行状态信息和已有的各种知识进行信息的融合、分析处理。利用信息融合技术可得到比单一信息源或单一信息域更精确、更合理的判断。随着科学技术的发展,新的、更有效的信息融合理论方法与技术将不断推出,基于多传感器信息融合技术的故障诊断方法将不断完善并获得更为广泛的应用。

9) 基于贝叶斯网络的诊断法

由于现代设备的复杂性、测试手段的局限性及知识表达的不精确性,故障征兆和故障原因之间的映射表现出随机性和不确定性。在设备故障诊断过程中,信息获取这一重要环节受到众多因素的限制,获得的信息是有限的,而且可能是不精确的。因此,如何在信息不完整、不确定的条件下完成故障诊断的推理过程是故障诊断技术所面临的一个关键问题。研究表明,贝叶斯网络是解决这种问题的有效方法之一。

贝叶斯网络(Bayesian Network)是基于概率推理的图形化网络,贝叶斯公式则是这个概率网络的基础。所谓概率推理就是通过变量信息来获取概率信息的过程,基于概率推理的贝叶斯网络是为了解决不确定和不完整性问题而提出的,它对于解决复杂设备因不确定性和关联性引起的故障有很大优势。贝叶斯网络作为一种新兴的不确定性知识处理方法,有着坚实的概率论基础,并能够很好地表达知识结构,所以引起了人们的广泛重视,在很多领域的应用中都取得了令人满意的结果。尤其是在故障诊断领域,它以坚实的理论基础、自然的表达方式、灵活的推理能力及方便的决策机制,成为故障诊断等领域的研究热点之一。贝叶斯网络在前人研究的基础上仍然有很大的发展空间,有重要的研究价值和很好的发展前景。

10) 基于 Hilbert – Huang 变换的诊断法

Hilbert – Huang 变换(Hilbert – Huang Transform,HHT)包括两个过程:经验模态分解(Empirical Mode Decomposition,EMD)和 Hilbert 变换。EMD 方法基于信号的局部特征时间尺度,能把复杂的信号分解为有限的内禀模态函数(Intrinsic Mode Function,IMF)之和,每一个 IMF 所包含的频率成分不仅与分析频率有关,而且最重要的是随信号本身的变化而变化,因此,EMD 方法是自适应的信号处理方法。更重要的是,对信号进行EMD 分解后,瞬时频率具有了物理意义。这样就可以对每一个内禀模态函数进行 Hilbert 变换,从而可以求出每一内禀模态函数随时间变化的瞬时频率和瞬时幅值,这些瞬时频率和瞬时幅值可以揭示信号的内在特征,最后的结果是随时间和频率变化的幅值分布,称为 Hilbert 谱。将 EMD 分析方法及其对应的 Hilbert 变换称为 Hilbert – Huang 变换。这种方法的主要创新点在于提出了内禀模态函数,使得信号的瞬时频率具有了物理意义,从而能得到非平稳信号完整的时频分布。

该方法从根本上摆脱了以傅立叶变换理论为基础的其他时频分析方法的束缚,能很好地解释以傅立叶变换理论为基础的方法所不能解释的现象,在故障特征频率提取方面具有更高的分辨率和准确性。

11) 基于深度学习的诊断法

大数据背景下智能诊断需要新理论与新方法。深度学习作为一种大数据处理工具,通过构建深层模型,模拟大脑学习过程,可以实现自动特征提取、复杂映射关系拟合,最终刻画数据丰富的内在信息并提升故障识别精度。

近年来,由于传统的机械故障诊断过于依赖专家经验知识,诊断过程需消耗大量人力资源,已逐渐不能满足工业生产的需要。随着人工智能领域建设上升至国家战略层面,机器学习和人工智能诊断方法逐步主流化,将深度学习方法引入液压系统故障诊断领域,可以更加高效准确地识别元件及系统状态。与传统方法相比,基于深度学习的机械故障诊断方法具有下列优势:① 深度学习具有较强的自我学习能力,能够避免对专家诊断经验的依赖;② 通过建立深层的学习模型,能更好地呈现出检测数据和设备健康状况之间的复杂映射关系,以提高故障诊断能力;③ 深度学习自带分类器对特征参数进行自动提取和分类识别,可减少人为主观因素的影响。

深度学习提供了一种在多个抽象层次自动学习特征的有效方法,允许直接从数据中学习复杂的输入、输出函数,而不依赖于特征提取器,对液压系统故障诊断有很大的帮助。近年来,深度学习在机器学习领域发展迅速,形成了原理、结构和适用范围都不尽相同的多种深度学习模型。其中,比较常用的深度学习模型,如深度卷积神经网络、深度自动编码器、深度置信网络、深度循环神经网络等,由于自身优秀的数据处理能力,在液压系统故障诊断领域逐渐得到应用。

## 6.7　液压传动系统故障诊断技术发展趋势

随着数据处理技术、计算机技术、网络技术和通信技术的飞速发展，以及不同学科的交叉融合，液压系统的故障诊断技术已经逐渐从传统的主观分析方法向智能化、高精度化、交叉化、融合化、虚拟化、状态化、网络化的方向发展。

（1）智能化

随着人工智能技术的迅速发展，特别是知识工程、专家系统和人工神经网络在故障诊断领域的进一步应用，人们已经意识到其所能产生的巨大经济和社会效益。同时，液压系统故障所表现的隐蔽性、多样性、成因的复杂性，以及进行故障诊断对领域专家实践经验和诊断策略的严重依赖，使得研制智能化的液压故障诊断系统成为当前的趋势。数据处理与知识处理的统一，使得先进技术不再是少数专业人员才能掌握的技术，而是一般设备操作人员所能使用的工具。

（2）高精度化

高精度化是指在信号处理技术方面提高信号分析的信噪比。不同类型的信号具有不同的特点，即使是同一类型的信号也可以从不同的角度进行描述和分析，以揭示事物不同侧面之间的内在规律和固有特性。对于液压系统而言，其信号、系数通常是瞬态的、非线性的、突变的，而传统的时域和频域只适用于稳态信号的分析，因此往往不能揭示其中隐含的故障信息，这就需要寻找一种能够同时表现信号时域和频域信息的方法，于是时频分析应运而生。信号分析处理技术的发展必将带动故障诊断技术的高精度化。

（3）交叉化

交叉化是指设备的故障诊断技术与人工智能、人体医学诊断技术的发展交叉化。从广义上看，机械设备的故障诊断与人体的医学诊断一样，它们之间应该具有相同之处，特别是液压系统，更是如此。因为液压系统的组成与人体的构成具有许多类比性：液压油如同人的血液，液压泵如同人的心脏，仪器仪表如同人的眼睛，执行元件如同人的四肢，而控制系统和传感器就如同人的大脑和神经，不断根据执行元件的反馈信息发出各种控制指令。

（4）融合化

每种智能故障诊断方法都有其优点和局限性，将不同的智能故障诊断方法有效结合，进一步提高诊断系统的综合性能，是智能诊断技术发展的必然趋势。结合方式可以是两种智能故障诊断方法的结合（如神经网络与专家系统的结合、神经网络与模糊方法的结合、专家系统与模糊方法的结合），也可以是两种方法结合后的复合，通过中间权值选择最佳的结合方法，进而进行故障诊断。此外，除了上述结合方式，还可以将灰色理论、混沌理论、模拟进化、人工免疫、集群智能等方法引入故障诊断。

目前，应用到液压系统中的混合式故障诊断方法，其能力虽然比单个系统有了很大改进，但它的能力也只是两个系统的简单组合，远没有达到智能融合与灵活应用的程度；而且,现有的混合模型只能在某些事先设计好的组合关系下进行多领域知识模型的静态集成,体现不出动态融合,也不能适应系统环境和故障特征的动态变化。要设计更高智能的系统,就要使系统能够利用"全信息"(包括语法信息、语义信息和语用信息)。如何针对不同故障诊断方法的特点,基于不同的知识表示形式,研究更智能的全面融合式智能故障诊断方法,是今后的研究工作中需要重点解决的问题。

（5）虚拟化

虚拟化是指监测与诊断仪器的虚拟化。传统仪器是由工厂制造的,其功能和技术指标都是由厂家定义好的,用户只能操作使用,仪器的功能和技术指标一般是不可更改的。随着计算机技术、微电子技术和软件技术的迅速发展和不断更新,国际上出现了在测试领域挑战整个传统测试测量仪器的新技术,这就是虚拟仪器技术。

"软件就是仪器"反映了虚拟仪器技术的本质特征。一般来说,基于计算机的虚拟仪器系统主要由计算机、软面板及插在计算机内外扩展槽中的板卡或标准机箱中的模块等硬件组成,有些虚拟仪器还包括传统的仪器。由于虚拟仪器技术具有开发环境友善,具备开放性和柔性,用户根据自己的需要可方便地对软件做适当的改变以增加新的功能而不必懂得总线技术和掌握面向对象的语言等特点,将其应用于液压系统乃至整个机械设备监测与诊断仪器及系统是一个新的发展方向。

（6）状态化

状态化是对监测与诊断而言的。随着科技的发展,可以利用传感技术、电子技术、计算机技术、红外测温技术和超声波技术,跟踪液体流经管路时的流速、压力、噪声的综合载体信号产生的时差流量信号和压力信号,并结合现场的各种传感器,对液压系统动态参数(压力、流量、温度、转速、密封性能)进行在线实时监测,这就能从根本上克服目前对液压系统"解体体检"的弊端,并能实现监测与诊断的状态化,解决"维修不足"和"维修过剩"的矛盾。

（7）网络化

网络化故障诊断技术通过 Internet、公司专用网络或无线通信网络将液压系统工作状态信息送到远程监控平台,实现数据采集、数据分析、远程监测、故障诊断和技术支持等服务。

随着社会的进步,现代大型液压系统变得非常复杂、十分专业,需要设备供应商的参与才能对其故障进行快速有效的诊断,而设备供应商和其他专家往往身处异地,这就使建立基于 Internet 的远程在线监测与故障诊断平台成为开发液压系统故障诊断技术的必然趋势。

基于分布式技术和网络通信技术的远程故障诊断是故障诊断领域的另一个发展方向。液压系统远程故障诊断技术是将液压故障诊断技术与计算机网络技术相结合,利用网络系统建立诊断中心,在异地对远程现场液压系统实施监测,根据测试数据对设备运行状态进行分析诊断。它可以使故障诊断变得灵活方便,并能有效提高诊断的精确性及工作效率,减少维护时间和费用,同时实现资源共享。

另外,受数据传输量的限制,网络化故障诊断技术只能对小数据故障进行实时诊断,这必然会影响诊断的精度。将云计算技术与网络化故障诊断技术相结合,可以对多个特征信号进行实时采集、传输、融合和诊断,实现故障的精确定位和状态的实时监测,这将是未来液压系统故障诊断技术的主流。

## 6.8　智能故障诊断实例

液压泵是液压传动系统的核心动力源,被喻为液压系统的"心脏",其工作的可靠性是保证众多国防装备和工业设备高精度、高速、连续稳定运行的关键。液压泵一旦发生故障,轻则造成停机,重则使整个生产线瘫痪,甚至发生机毁人亡的灾难事故。然而,液压泵时常面临高温、高压、高速、重负载等恶劣工况,特殊工作环境加速了液压泵健康状态的劣化。因此,实行液压泵智能故障诊断对于安全高效生产、人员生命健康保障等众多方面具有重要现实意义。

本节以液压轴向柱塞泵为例,探究利用人工智能理论的新思路开展轴向柱塞泵智能故障诊断研究,介绍一种基于小波时频分析和改进 AlexNet 卷积神经网络模型的智能故障诊断方法应用流程。

本实例中基于小波时频分析和改进 AlexNet 卷积神经网络模型的智能故障诊断方法,充分融合了小波时频分析的特征提取能力和 AlexNet 卷积神经网络的深度学习能力,并对 AlexNet 卷积神经网络结构进行了改进,降低了神经网络每层参数量及计算复杂度,可以对柱塞泵多种状态的振动信号进行特征提取,并有效地实现故障识别。针对试验用液压柱塞泵正常状态、滑靴磨损和斜盘磨损三种状态识别准确率可达 100%,松靴故障识别准确率可达 97.22%,中心弹簧失效识别准确率可达 94.72%。

### 6.8.1　智能故障诊断方法流程

基于小波时频分析和改进 AlexNet 卷积神经网络模型的液压柱塞泵智能故障诊断方法实现路径如下:

① 通过采集液压柱塞泵试验台在不同状态下的振动信号,并通过滑动窗口实现数据分割构造信号样本集,每个样本集长度为 1 024。

② 对划分后的振动信号样本集进行小波变换,实现一维时间序列的时频分析,生成 RGB 三通道的时频图,接着将时频图调整至合适大小,并以训练集占 70%、测试集占 30% 的比例来划分特征样本集。

③ 初步设置诊断模型的结构参数,如卷积核个数、学习率、弃权值等,建立基于改进 AlexNet 模型的卷积神经网络结构。

④ 将划分好的信号时频图按照小批量训练方式作为神经网络模型的输入,对 CNN 网络进行学习训练。

⑤ 通过大量数值试验调整结构参数,以模型训练误差损失和测试集的准确率作为评价模型训练效果的指标,最终完成模型结构参数的选择。

⑥ 待神经网络模型结构参数确定后,将训练样本和测试样本集送入网络模型,验证模型学习效果,使用 $t$ 分布随机邻域嵌入($t$-SNE)可视化模型展现特征提取效果。

### 6.8.2 AlexNet 网络模型的改进

标准 AlexNet 模型是一个深度卷积神经网络模型,包含 5 层卷积层、2 层局部响应归一化层(Local Response Norm,LRN)、3 层最大池化层和 3 层全连接层,最初是为解决 1 000 类 ILSVRC(ImageNet Large Scale Visual Recognition Challenge)图像分类而产生的。

考虑到经典 AlexNet 网络模型的深度、超大量的学习参数及多个 GPU 同时运行的需求给模型训练带来了困难,本实例在经典 AlexNet 网络模型上进行简化,统一每层卷积核数量,并通过大量数值试验对卷积层层数、全连接层的节点数、弃权值等参数进行改进,使用 ReLU 激活函数,考虑到局部响应归一化层对诊断精度影响较小,将其去掉。输入 3 通道特征图像,输入图像尺寸为 224×224,3 层卷积层、1 层最大池化层、3 层全连接层,最大池化层连接在卷积层后面,并在全连接层的前两层中增加了 Dropout 随机失活神经元操作,以避免模型的过拟合。最后一层全连接层是 Softmax 分类器,用以图像分类。模型整体结构如图 6-1 所示。

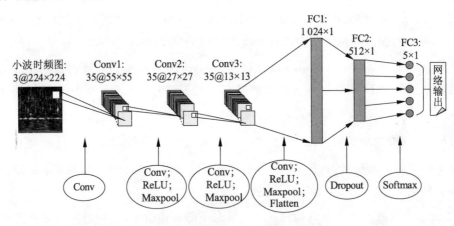

**图 6-1 改进的 AlexNet 网络模型**

### 6.8.3 网络模型训练流程

样本数据集大小为 256×256,使用 PyTorch 里面的 Resize 函数将输入时频图像大小固定为 224×224,采用小批量样本输入模型进行训练。网络模型训练流程如图 6-2 所示。首先,构造并划分数据集。然后,随机初始化网络权重值和偏置值等参数,将时频图输入神经网络,经过卷积层、池化层、全连接层,特征数据前向传播,使用交叉熵函数计算模型预测输出和期望输出之间的误差值,并将误差值反向传递,以此来更新网络每层权重值和偏置值。最后,网络达到收敛条件,结束网络的监督训练。训练过程中,打印输出模型的训练集误差损失值、训练集准确率、测试集误差损失值、测试集准确率和模型运行时间。

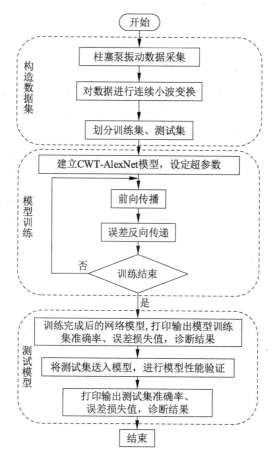

**图 6-2  网络模型训练流程**

### 6.8.4  样本集的构建

为了验证上述方法的有效性,采集液压泵在不同工况下的振动信号作为样本进行分析,采样频率为 10 kHz。液压泵试验台如图 6-3 所示。本实例试验所用的液压泵为斜盘式轴向柱塞泵,额定转速为 1 470 r/min,旋转频率为 24.5 Hz。

试验时,将柱塞泵工作压力分别调定为 2 MPa,5 MPa,8 MPa,10 MPa,15 MPa。在每种工作压力下,使用振动加速度传感器分别采集柱塞泵五种状态的振动信号,五种状态为正常状态、斜盘磨损、松靴故障、滑靴磨损、中心弹簧失效。柱塞泵五种状态的振动信号时域波形如图 6-4 所示(部分示意图)。

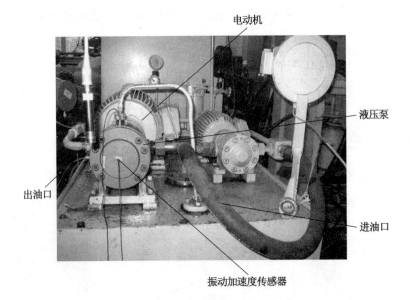

图 6-3　液压泵试验台

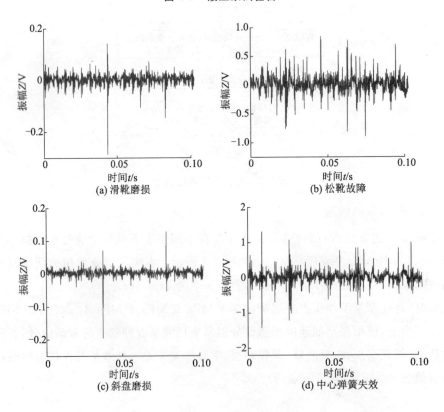

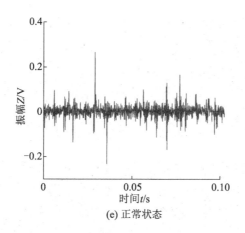

(e) 正常状态

**图 6-4　柱塞泵五种状态的振动信号时域波形**

另外,为了进一步验证上述方法对不同故障程度的识别效果,试验时,在松靴故障、滑靴磨损、中心弹簧失效三种状态下各设定 3 种不同程度的故障。在样本集选取时,松靴故障、滑靴磨损、中心弹簧失效的故障样本数据分别由 3 种不同程度的故障样本集组合而成。图 6-5 列举了液压柱塞泵工作压力为 8 MPa 时五种状态下的样本集的构成,柱塞泵工作压力为 2 MPa,5 MPa,10 MPa 和 15 MPa 时的样本集构成与 8 MPa 时的样本集构成一致。

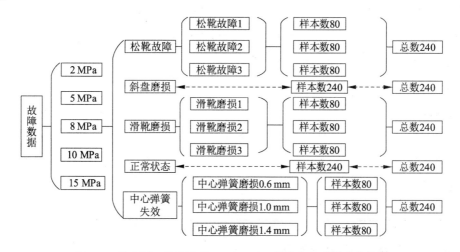

**图 6-5　柱塞泵工作压力为 8 MPa 时五种状态下的样本集构成**

由图 6-4 可知,单凭肉眼观察时域波形图,难以看出振动信号对应的柱塞泵健康状态。所以本实例利用小波时频分析方法将振动时域信号变换到时频域,以突显振动信号的内部特征。柱塞泵五种状态的小波时频图如图 6-6 所示(部分示意图)。

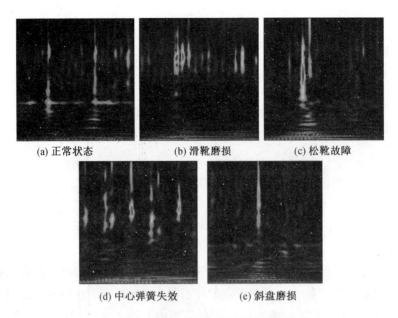

(a) 正常状态    (b) 滑靴磨损    (c) 松靴故障

(d) 中心弹簧失效    (e) 斜盘磨损

图 6-6    柱塞泵五种状态的小波时频图

本实例将振动信号小波时频图作为分析样本进行故障识别。每种工作压力下,五种状态数据样本量均为 240 个,总样本为 6 000 个。按照 70% 作为训练集、30% 作为测试集进行样本集划分,样本间随机排列。样本集构成如表 6-1 所示。

表 6-1    信号样本及标签

| 样本类型 | 样本集总数 | 训练集 | 测试集 | 对应标签 |
| --- | --- | --- | --- | --- |
| 滑靴磨损 | 1 200 | 840 | 360 | 0 |
| 松靴故障 | 1 200 | 840 | 360 | 1 |
| 斜盘磨损 | 1 200 | 840 | 360 | 2 |
| 正常状态 | 1 200 | 840 | 360 | 3 |
| 中心弹簧失效 | 1 200 | 840 | 360 | 4 |
| 总计 | 6 000 | 4 200 | 1 800 | — |

### 6.8.5    模型结构参数优化选取

模型结构参数的选择是神经网络架构中重要的一环。本实例实测数据分析基于深度学习框架 PyTorch1.5.1 版本,Python 编程语言,计算机配置为 W-2235CPU @3.80GHz,显卡为 RTX4000,内存为 32 GB。先将采集的一维时间序列振动信号经小波变换转换为二维时频图,再使用 PyTorch 深度学习框架初步搭建出卷积神经网络模型,模型包括 3 层卷积层(含最大池化层)、3 层全连接层。按照小批量样本集参数调试训练的方式选择模型小批量样本数、学习率、弃权值和卷积核个数等参数。为了保证试验结果的鲁棒性,所有试验均重复进行 10 次。以模型训练集损失误差曲线和测试集准确率曲线作为参数选择

评价指标,模型准确率计算公式为

$$模型准确率 = \frac{n_{correct}}{N_{all}} \times 100\%$$ (6-1)

式中:$n_{correct}$ 为经过卷积神经网络的预测标签与真实标签一致的样本个数;$N_{all}$ 为训练样本集或测试样本集的样本总数,分别对应模型训练集准确率、测试集准确率。

模型参数调试结果如图 6-7 所示。

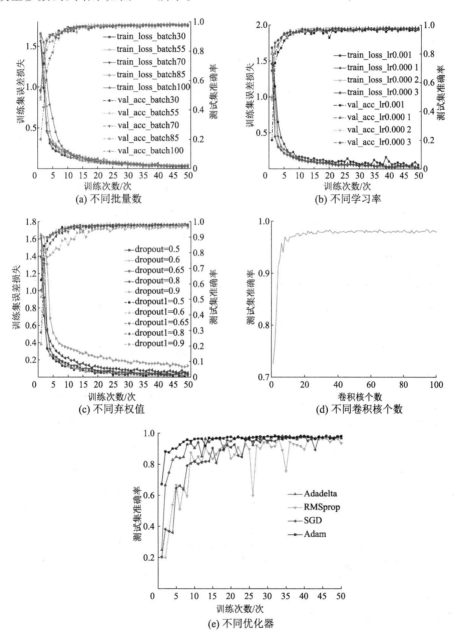

图 6-7 模型参数不同时的变化趋势图

从图 6-7a 中可以看出,模型在批量样本数为 30,55,70,85,100 的情况下,误差损失曲线收敛速度不一样,批量样本数为 55 时,模型的误差损失曲线收敛速度较快,模型训练准确率也在较少的训练次数中达到平稳,整体效果优于其他四种批量样本数情况。

图 6-7b 反映了不同学习率下模型测试集准确率和训练集误差损失的变化情况。学习率为 0.001 时,模型训练集误差损失曲线和测试集准确率曲线收敛波动较大。学习率为 0.000 1 时,模型的训练集误差损失收敛效果差于学习率为 0.000 2 和 0.000 3 时的收敛效果。学习率为 0.000 2 和 0.000 3 时的训练集误差损失曲线收敛速度相差较小,但是学习率为 0.000 2 时,测试集准确率曲线收敛趋势更加稳定。

图 6-7c 反映的是在相同的迭代次数下,弃权值分别为 0.5,0.6,0.65,0.8 和 0.9 时对模型性能的影响。从训练集误差损失曲线来看,弃权值为 0.8 和 0.9 时的误差集损失曲线收敛速度较慢,较大的弃权值使得模型提取到的特征值不足,模型测试集准确率曲线波动较大,学习效果较差。弃权值为 0.5 的模型训练平均误差值较小,误差集损失曲线收敛速度快;测试准确率曲线收敛速度快、趋势较平稳,且收敛精度较高。

图 6-7d 反映了不同卷积核个数变化对模型学习效果的影响,卷积核个数在(1, 20)区间内时,由于特征提取数量较少,模型学习效果较差,模型测试集准确率较低。随着卷积核个数的增加,模型提取特征值的数量增加,模型在测试集上的准确率逐渐上升并趋于平稳。在卷积核个数为 35 时,模型测试集准确率接近最大值。考虑到卷积核个数与模型网络每层参数量呈正比关系,过多的卷积核个数会增加每层参数量,从而增加模型计算复杂度,本实例模型各卷积层的卷积核个数为 35 已可以满足样本测试需求。

图 6-7e 反映了选用 Adadelta,RMSprop,SGD 和 Adam 等不同优化器时模型测试集准确率的变化情况。整体来看,使用 RMSprop 优化器时模型准确率曲线波动最大。采用 Adadelta,SGD 和 RMSprop 优化器时,模型初始准确率均较低,随着训练次数的增加,准确率均逐渐上升,但波动较大。而使用 Adam 优化器时,模型在训练初期就有较高的准确率,且准确率曲线收敛速度较快,训练次数达到 15 次时,即达到最高准确率,此后趋于平稳。

综合上述分析,本实例模型结构参数选取如下:批量数为 55,学习率为 0.000 2,弃权值 0.5,卷积核个数为 35 个,选用 Adam 优化器。模型结构组成中各网络层参数如表 6-2 所示。

表 6-2 模型各网络层参数

| 网络层名称 | 卷积核个数×卷积核大小 | 输出数据大小 | 激活函数 |
| --- | --- | --- | --- |
| Conv1 | 35×11×11 | 35×55×55 | ReLU |
| Maxpool1 | 35×3×3 | 35×27×27 | — |
| Conv2 | 35×3×3 | 35×27×27 | ReLU |
| Maxpool2 | 35×5×5 | 35×13×13 | — |

| 网络层名称 | 卷积核个数×卷积核大小 | 输出数据大小 | 激活函数 |
| --- | --- | --- | --- |
| Conv3 | 35×3×3 | 35×13×13 | ReLU |
| Maxpool3 | 35×3×3 | 35×6×6 | — |
| FC1 | — | 1 024 | ReLU |
| FC2 | — | 512 | ReLU |
| FC3 | — | 5 | — |

### 6.8.6　故障识别结果及分析

本实例建立的故障诊断模型采用随机初始化权重值和偏置值的方法,采用交叉熵损失函数来计算模型输出标签与真实标签间的损失进而进行模型训练,采用 Adam 优化算法对各层的权重值和偏置值进行更新,以模型训练集误差损失曲线和测试集准确率曲线随着训练次数的增加不再有下降和上升趋势为停止训练条件,最终实现柱塞泵五种运行状态的分类,并保存输出模型各层权重参数值。重复进行 10 次试验,模型平均准确率为98.06%,其中最高准确率可达 98.33%。模型训练集准确率和测试集准确率以及训练集误差损失和测试集误差损失随训练次数增加的变化曲线如图 6-8 所示。

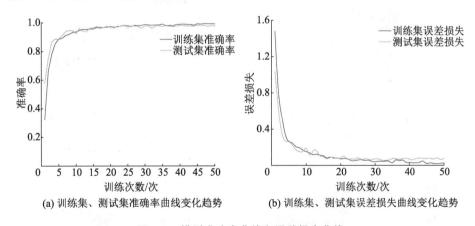

(a) 训练集、测试集准确率曲线变化趋势　　(b) 训练集、测试集误差损失曲线变化趋势

**图 6-8　模型准确率曲线和误差损失曲线**

故障诊断模型对各状态样本的识别准确率如表 6-3 所示。

**表 6-3　各状态样本的识别准确率**

| 样本类型 | 识别准确率/% |
| --- | --- |
| 正常状态 | 100 |
| 松靴故障 | 97.22 |
| 滑靴磨损 | 100 |
| 斜盘磨损 | 100 |
| 中心弹簧失效 | 94.72 |

从表 6-3 呈现的识别结果可以看出，本实例中基于 CWT-AlexNet 的故障诊断模型可以对柱塞泵不同状态的振动信号进行特征提取，并有效地实现故障识别。柱塞泵五种状态信号中，正常状态、滑靴磨损和斜盘磨损三种状态信号识别准确率达到 100%，说明诊断模型精确地自学习到了这三种状态的振动信号的隐含特征，并能精确地进行分类识别。而对于松靴故障和中心弹簧失效这两种状态的振动信号，模型识别准确率分别为 97.22% 和 94.72%，这主要是由于这两类故障特征相似，容易引起错分。

为了进一步清晰展示模型的提取特征和分类能力，使用 $t$-SNE 方法对部分中间层的特征提取过程进行可视化，如图 6-9 所示。利用 $t$-SNE 技术对模型 Maxpool1，Maxpool2，Conv3 和倒数第二层全连接层 FC2 可视化聚类效果进行分析。可以看出，柱塞泵五种状态特征数据经过 Maxpool1 层特征提取后相互混杂，难以区分；随着神经网络的加深，模型提取特征的能力逐渐增强，在全连接层 FC2 输入特征已经有了较好的 5 簇分布，同类之间相互聚集，异类之间相互排斥，说明模型已经具有较好的分类识别能力。

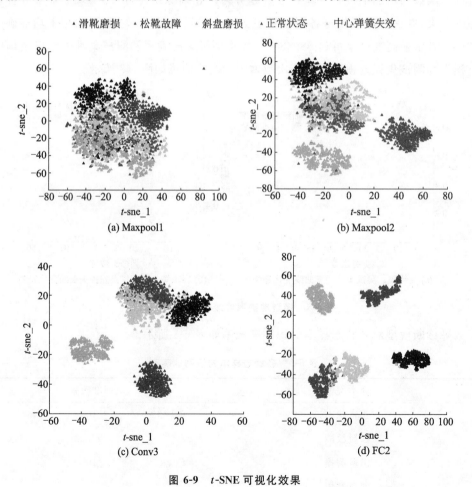

图 6-9　$t$-SNE 可视化效果

## 习　题

6.1　液压系统故障类型有哪些?

6.2　液压系统故障特征有哪些?

6.3　液压元件和系统故障的表现有哪些?

6.4　试述液压系统故障诊断步骤及方法。

6.5　液压系统故障诊断发展的趋势有哪些?

6.6　故障诊断中用到哪些信号处理的方法? 它们各自的优势是什么?

第7章

# 液压试验系统

## 7.1 液压试验技术概述

液压试验是液压元件及系统投入使用前必须经历的一个过程,目的是通过现代测试理论和方法对元件及系统的性能进行实验室验证,获知元件及系统对运行环境及设计要求的适应性,对液压工程实践和设计具有指导意义。液压试验一般包括如下技术性工作:试验前的准备,如大纲计划、试验设备的配置、仪器系统的选择和标定、试验条件的准备等;试验油路的安装调试;试验数据的获取及分析等。

### 7.1.1 液压试验技术的一般概念

(1) 液压试验设备

液压试验设备是在液压系统中为了达到一定的试验目的所使用的设备的总称。其主要包括三个部分:试验对象、基本设备和辅助设备。

试验对象是指待试验的液压元件和系统,也可以是为某项试验目的而专门设计的试验装置。试验对象也称为被试件。

基本设备是液压试验所必备的主要设备,包括液压源、试验台和油箱等。

辅助设备是完成一定的试验任务所需要的一些附加设备,如加载装置、冷却系统和安全保护装置等。

(2) 液压试验设计

液压试验设计主要包括试验计划的制订、试验大纲的拟定、测量仪器的选择与标定。试验计划主要包括试验的目的、内容、方案及要求。根据试验大纲的要求选择合适的测量仪器,主要考虑因素是试验仪器的量程、精度及动态响应特性。仪器的标定和校准要看仪器的出厂试验曲线,以及使用过程中电信号和模拟信号的线性关系,试验前需要进行实测。

（3）液压试验工作环境

首先是温度和湿度的要求，一般温度在 20 ℃左右，湿度在 80％以下；其次，有的试验需要密封防尘，因此应在净化间里进行；再次，需要通风设备将热量带到室外。

（4）液压试验的分类

液压试验按试验内容可以分为性能试验、寿命试验、环境试验和耐压试验等；按试验性质可以分为科研性试验、型式试验和出厂试验等。另外，还有高低温试验、振动试验和道路模拟试验等。

（5）试验标准

对于液压元件的试验来说，试验标准有国际标准（ISO）、国家标准（GB）、各部颁布的标准（如 JB 等）、企业自行制定的企业标准等。一般试验标准包括：技术术语和符号说明及规定；试验条件；试验方法（包含回路及性能等）；参数测点配置等。在进行相应测试工作时，需要查询相关标准进行参考。

### 7.1.2　液压试验设备

（1）液压源

液压源是能提供符合要求的压力值、流量值的清洁液压油的装置，一般分为恒压源和恒流源两类。恒压源在充分供给不同输出流量的条件下，保证其输出压力为常值。简单的恒压源由定量泵和溢流阀构成，其恒压原理是由溢流阀的稳压特性保证的。恒流源以输出常值流量为特征量，简单的恒流源油路方案为定量泵和安全阀配合。对液压源的要求是输出压力和流量必须满足液压试验的要求，一般是最大要求值的 1.5 倍，且性能稳定。

液压源的动力源及驱动方式，除了要求功率足够和具有稳定的转速匹配外，当泵作为加载装置和试验对象时，还要求驱动装置转速调节范围宽、转速精度高、过载能力强。液压泵的驱动方式有：① 交流电机驱动，这是最常用且最简单的驱动方式，价格也低，但是只能有级变速，且调速范围窄，只适用于较低级的调速应用场合，现在也有通过变频装置实现交流电机的无级调速的，但成本较高；② 柴油机或内燃机驱动，这种驱动方式不易变速、速度不稳定、振动噪声较大，只适用于较大功率的场合及野外工作的液压设备；③ 直流调速电机驱动，这种驱动方式可以实现无级调速，调节方便，调速范围较宽，但是线路复杂、价格高、需要一定的维护条件和占地面积。

（2）试验台、油箱及辅助装置

试验台主要由台面、仪表安装板、电控台和油路系统等组成。对试验台的要求是台架有刚度、安装卸载方便、结构简单、布局合理，尤其要注意将电控和液压分开，以防互相干扰。

油箱具有过滤、冷却等功能，在布置时要保证吸油顺畅，同时需要额外增加回油小油箱，以防止其与泵的高度差产生回油。

油温控制是液压试验技术环节中的重要一环,这主要是由于油液的黏度随温度的变化较大,对系统的影响较广。所以,在试验条件中温度是一个重要的参数,试验过程中要将温度严格控制在一定范围内。较容易实现的是油箱油温的控制,一般采用冷却和加热的方式。控制方式有继电控制和连续控制两种。具体方式有:控制冷却水的通断时间或流量;控制通过热交换器的油液的流量;控制电加热器电源的通断时间、电源电压的大小;控制热水、蒸汽的流量。

一般液压试验中用液压源提供的油液过滤精度为 $3\sim 10~\mu m$,油液清洁度等级为 NAS1638 标准中的 $4\sim 8$ 级。控制油液不受污染的办法主要是设置不同规格的滤油器和采取各种预防污物进入试验系统的措施。

### 7.1.3　液压试验加载方法

(1)液压加载方法

1)液压泵的节流加载

在泵的输出油路中串联可变节流阀或溢流阀以改变油路阻力,使压力改变,达到给被试泵加载的目的。即使节流口的大小按要求的规律变化,实现各种规律变化的负载模拟。泵的出口串联节流阀、远控溢流阀、电液伺服阀和比例节流阀等均可达到节流加载的目的。通过信号发生器对各种阀的控制,可以实现不同规律变化的负载模拟。

2)液压马达试验的背压加载

在被试马达的回油路上串联节流阀的加载方法虽然简单易行,但是不能完全模拟实际带载情况,一般用于刚装配好的液压马达的初步跑合和粗略考核的情况。

(2)电的加载方法

在液压试验中,电的加载方法主要用于对旋转轴施加负载力矩,电力测功机可承担此任务。

1)涡流测功机加载

涡流测功机的工作原理是,基于实心金属圆盘做切割磁力线运动时,其上形成涡流,产生阻碍转动的涡流力矩。改变激磁电流大小,可改变磁场强度,导致涡流力矩的改变,该力矩就是施加于被试轴上的负载力矩。

2)磁粉加载器加载

磁粉加载器是根据磁粉离合器和制动器的工作原理演变而来的。离合器和制动器基本是在无滑差的情况下工作的,而加载器必须一直在外壳与转轴之间有相对转动的情况下工作,并由加载器提供负载力矩,吸收被试轴的输出能量。这些能量都将在工作面和磁粉间转变为热能,限制其使用功率。

在考虑电方法加载时,必须注意具体的功率匹配、转速调节范围、负载变化的影响、试验成本等因素。

(3)自动负载模拟器

在实验室可以对飞行器舵机操作进行模拟,也可以模拟车辆在不同的道路路面上和在不同的行驶速度下的情况,这样可以做到车辆性能考核与在野外实际工况下考核是等效的。一般负载模拟器可以做到准确复现各种快速变化的负载;通用性好,使用方便;结构紧凑、质量轻,单位质量输出功率大等。本质上,自动负载模拟器是一套自动控制系统,一般由控制器、加载器、反馈装置和被试对象组成。在试验过程中,它按一定的控制信号自动地给被试对象施加某种规律变化的负载。对于高质量的自动负载模拟系统,可用计算机作为控制器,形成以计算机为中心的自动负载模拟系统。

## 7.2 液压泵试验台

### 7.2.1 液压泵的性能参数

液压泵的性能指标与泵的各种参数有关。有关液压泵的主要性能表达式如下:

排量 $V_P$

$$V_P = (q/n) \times 10^3 (\mathrm{mL/r}) \tag{7-1}$$

式中:$q$ 为泵的实际输出流量,$\mathrm{L/min}$;$n$ 为泵的转速,$\mathrm{r/min}$。

泵的空载排量 $V_{Pk}$ 为空载时测出的排量最大值。

泵轴输入的理论转矩 $T_{Pth}$

$$T_{Pth} = \frac{V_{Pk}(p_h - p_1)}{2\pi} (\mathrm{N \cdot m}) \tag{7-2}$$

式中:$p_h$ 为泵的出口压力,$\mathrm{MPa}$;$p_1$ 为泵的进口压力,$\mathrm{MPa}$。

容积效率 $\eta_{Pv}$

$$\eta_{Pv} = (V_P/V_{Pk}) \times 100\% \tag{7-3}$$

机械效率 $\eta_{Pm}$

$$\eta_{Pm} = (T_{Pth}/T_P) \times 100\% \tag{7-4}$$

式中:$T_P$ 为泵轴输入转矩,$\mathrm{N \cdot m}$。

泵轴输入功率 $P_i$

$$P_i = 1.05 \times 10^{-2} T_P n (\mathrm{kW}) \tag{7-5}$$

泵的输出功率 $P_o$

$$P_o = \Delta p q /60 (\mathrm{kW}) \tag{7-6}$$

式中:$\Delta p$ 为泵的进、出油口压力差,$\mathrm{MPa}$。

总效率 $\eta_P$

$$\eta_P = P_o/P_i = 159 \times \frac{\Delta p q}{T_P n} \times 100\% \tag{7-7}$$

实际输出流量 $q$

$$q = V_P n \times 10^{-3} (\mathrm{L/min}) \tag{7-8}$$

漏损流量 $q_L$

$$q_L = V_{Pk} n \times 10^{-3} - q (\mathrm{L/min}) \tag{7-9}$$

　　根据上述性能参数,需要在试验中测量的参数应该包括进口压力 $p_1$、出口压力 $p_h$、输出流量 $q$、壳体外漏流量 $q_{Le}$、泵轴转速 $n$、泵轴输入转矩 $T_P$ 等。空载流量的测量在泵的出口压力不超过 5% 的额定压力或 0.5 MPa 的工况下,在不同转速下进行。由于流量的脉动产生了压力脉动进而导致速度脉动,因此测定的流量和转速应该是同一时刻的值。流量计一般为低压流量计,安装在回油路上,具体应用数据时需要进行必要的修正来获得泵出口的流量大小。泵输入转矩对压力的误差和压力的变化较为敏感,所以要求转矩值和泵输出压力值同时测量以减少压力波动的影响。

### 7.2.2　液压泵试验台的组成

液压泵试验台主要由以下几部分组成:

① 液压系统:液压阀、滤油器、油箱及其他液压附件。

② 驱动系统:直流调速电机。

③ 测试系统:压力传感器、温度传感器、扭矩转速传感器、流量计。

④ 试验系统:被试液压泵。

### 7.2.3　液压泵试验台的功能

被试泵的参数:泵的最高工作转速为 3 500 r/min,输入功率最大为 180～200 kW,泵的最大排量为 100 mL/r。液压泵试验台中,被试液压泵的驱动由功率为 200 kW、最高转速为 4 000 r/min 的直流调速电机完成,液压泵的输入扭矩及转速可由扭矩转速传感器测出;被试液压泵进油口、出油口及泄漏口均设有压力传感器和温度传感器,在被试泵的泄漏管路和系统回油管路上设置了流量计。

通过控制直流调速电机的输入扭矩及转速,可得到被试液压泵在不同扭矩及转速状态下的参数,包括进口压力、出口压力、输出流量、壳体外泄流量、泵轴转速、泵轴输入转矩、进口油温、出口油温及回油管道油温等。通过对上述参数的采集和处理,可得到被试液压泵的各种性能曲线。

为了全面考核被试泵的性能,液压泵试验台不但对上述泵的一般性能进行试验,还可进行输出压力脉动的测量,高、低温试验,可靠性试验,等等。

液压泵试验台油箱采用外循环冷却的方式进行冷却,由循环泵将油箱内的高温油输送到油/水冷却器中,将油/水冷却器输出的低温油液送回油箱中液压泵的入口处。

冷却水采用冷却塔冷却。蓄水池内的冷却水由水泵注入供水总管,由总管引入液压源间,接到液压源油/水冷却器的冷却水进口,用于冷却高温油液,输出的热水回到回水总管,流向冷却塔冷却,冷却水储存在蓄水池中。

### 7.2.4　液压泵试验台的设计

液压泵试验台的液压原理图如图 7-1 所示,它由被试液压泵、直流调速电机、冷却循环泵、油/水冷却器、油箱总成和相应的控制阀组成,设有压力传感器、温度传感器、流量计,采用比例溢流阀控制系统的压力,实现液压源的现场/远程比例调压。

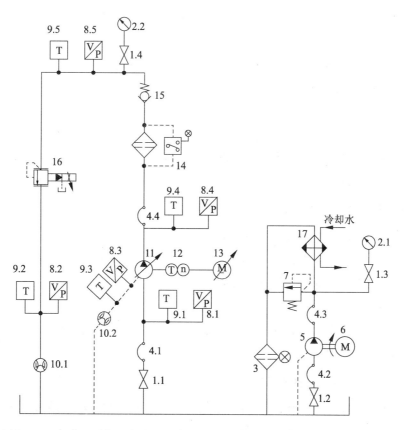

1—截止阀;2—压力计;3—带污染指示器的过滤器;4—软管;5—循环泵;6—电机;7—溢流阀;
8—压力传感器;9—温度传感器;10—累计流量计;11—被试泵;12—扭矩转速传感器;13—变频电机;
14—过滤器;15—单向阀;16—比例溢流阀;17—冷却器

**图 7-1 液压泵试验台的液压原理图**

其主要配置如下:① 额定工作压力:31.5 MPa;② 被试液压泵最大排量:100 mL/r;
③ 直流电机功率:200 kW;④ 采用比例溢流阀,具有远程比例调压功能;⑤ 具有外循环
冷却过滤系统;⑥ 循环泵为 1 台排量为 158 mL/r 的叶片泵;⑦ 循环泵配置电机功率:
7.5 kW;⑧ 5 $\mu$m 绝对值过滤;⑨ 液压油清洁度:NAS1638 7 级;⑩ 油/水热交换器。

## 7.3 液压马达试验台

### 7.3.1 液压马达的性能参数

液压马达的排量 $V_M$

$$V_M = (q/n) \times 10^3 (\text{mL/r}) \tag{7-10}$$

如果在空载条件下测得流量和转速,那么认为 $V_m$ 是液压马达的空载排量 $V_{Mk}$。

容积效率 $\eta_{Mv}$

$$\eta_{Mv} = (V_{Mk}/V_M) \times 100\% \tag{7-11}$$

液压传动与控制

机械效率 $\eta_{\mathrm{Mm}}$

$$\eta_{\mathrm{Mm}} = T_{\mathrm{M}} / T_{\mathrm{Mth}} \tag{7-12}$$

式中：$T_{\mathrm{M}}$ 为液压马达轴输出转矩；$T_{\mathrm{Mth}}$ 为在没有漏损和摩擦损失的情况下，为克服液压马达负载而输入的"液压转矩"。

$$T_{\mathrm{Mth}} = \frac{V_{\mathrm{Mk}} \Delta p}{2\pi} (\mathrm{N \cdot m}) \tag{7-13}$$

马达试验中需要测量被试液压马达的输出转矩、轴转速、进出口压差、经过马达的流量和壳体的外漏流量。

### 7.3.2 液压马达试验台的组成

液压马达试验台主要由以下几部分组成：

① 液压油源系统：包含液压泵组、液压阀、滤油器、蓄能器、外冷却循环过滤系统（与液压泵试验台共用）、油箱及其他液压附件（与液压泵试验台共用）。

② 加载系统：电涡流测功机。

③ 测试系统：压力传感器、温度传感器、扭矩转速传感器、流量计。

④ 试验系统：被试液压马达。

### 7.3.3 液压马达试验台的功能

被试马达的参数：马达的最高工作转速为 6 000 r/min，输入功率最大为 90 kW，此时的最高工作转速为 4 000 r/min。液压马达试验台中，被试液压马达的驱动由一套流量为 350 L/min、工作压力为 31.5 MPa 的子液压源完成，液压马达的加载系统为电涡流测功机，液压马达的输出扭矩及转速可由扭矩转速传感器测出；被试液压马达进油口、出油口及泄漏口均设有压力传感器和温度传感器，在被试液压马达的泄漏管路和系统回油管路上设置了流量计。

通过控制液压油源的压力和流量，控制电涡流测功机进行加载，可得到被试液压马达测试参数，包括进口压力、出口压力、经过马达的流量、壳体外泄流量、轴转速、马达的输出转矩、进口油温、出口油温及回油管道油温等，通过对上述参数的采集和处理，可得到被试液压马达的各种性能曲线。

为了全面考核被试马达的性能，液压马达试验台不但对上述马达的一般性能进行试验，还可进行启动力矩试验测定，效率试验，高、低温试验，最低平稳转速试验，超速、超载试验，外漏、正反转、寿命试验，等等。

液压马达试验台油箱采用外循环冷却的方式进行冷却，由循环泵将油箱内的高温油输送到油/水冷却器中，将油/水冷却器输出的低温油液送回油箱中液压泵的入口处。

冷却水采用冷却塔冷却。蓄水池内的冷却水由水泵注入供水总管，由总管引入液压源间，接到液压源油/水冷却器的冷却水进口，用于冷却高温油液，输出的热水回到回水总管，流向冷却塔冷却，冷却水储存在蓄水池中。

### 7.3.4　液压马达试验台的设计

液压马达试验台的液压原理图如图 7-2 所示,它由液压油源、被试液压马达、电涡流测功机、冷却循环泵、油/水冷却器、油箱总成和相应的控制阀组成,设有压力传感器、温度传感器、流量计,采用比例溢流阀控制系统的压力,实现液压源的现场/远程比例调压。

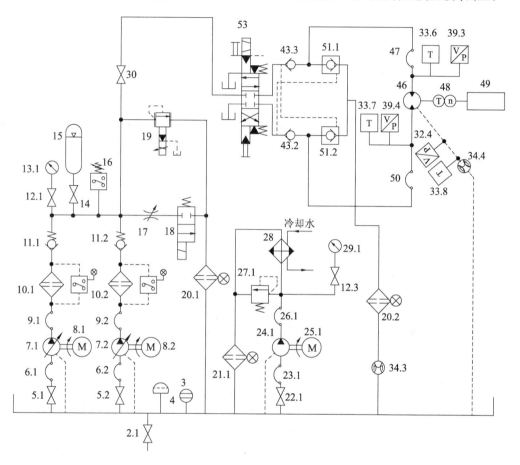

2,5,12,14,22,30—截止阀;3—液位计;4—空气滤清器;6,9,23,26,47,50—软管;7—主泵;8,25—电机;
10—过滤器;11—单向阀;13,29—压力计;15—蓄能器;16—压力继电器;17—可调节流阀;18—电磁换向阀;
19—比例溢流阀;20,21—带污染指示器的过滤器;24—循环泵;27—溢流阀;28—冷却器;
32,39—压力传感器;33—温度传感器;34—流量计;43—单向阀;46—被试液压马达;48—扭矩转速传感器;
49—电涡流测功机;51—冷却器;53—液控方向阀

**图 7-2　液压马达试验台的液压原理图**

其主要配置如下:① 额定工作压力:31.5 MPa;② 主泵为 2 台排量为 125 mL/r 的恒压变量泵;③ 额定流量:350 L/min;④ 主泵配置电机功率:2×110 kW;⑤ 采用比例溢流阀,具有远程比例调压功能;⑥ 具有外循环冷却过滤系统;⑦ 循环泵为 1 台排量为 158 mL/r 的叶片泵;⑧ 循环泵配置电机功率:7.5 kW;⑨ 油/水热交换器;⑩ 液压油清洁度:NAS1638 7 级;⑪ 5 μm 绝对值过滤;⑫ 380 VAC,50 Hz 电源;⑬ 蓄能器,公称容积 10 L,用于降低压力冲击和吸收压力脉动;⑭ 被试液压马达最大输出功率:90 kW;⑮ 电涡流测功机功率:100 kW。

### 7.3.5 测功机结构及原理

电涡流测功机主要由旋转部分(感应盘)、摆动部分(电枢和励磁部分)、测力部分和校正部分组成。其结构简图如图 7-3 所示。

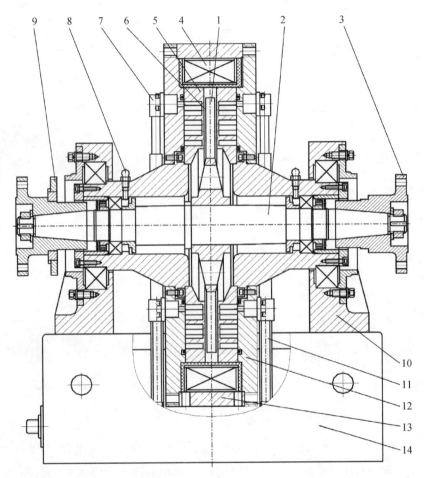

1—感应盘;2—主轴;3—联轴器;4—励磁线圈;5—冷却室;6—气隙;7—出水管道;
8—油杯;9—测速齿轮;10—轴承座;11—进水管道;12—支撑环;13—外环;14—底座

**图 7-3　电涡流测功机结构简图**

由结构简图可知,感应盘形状犹如直齿轮,产生涡流的地方在冷却壁上。励磁绕组通上直流电后,围绕励磁绕组产生一个闭合磁通。当感应盘被原动机带动旋转时,气隙磁密随感应盘的旋转而发生周期性变化,在冷却室表面及一定深度范围内产生涡流电势,并产生涡流,该涡流所形成的磁场又与气隙磁场相互作用,产生了制动转矩。该转矩通过外环及传力臂传至测力装置上,由力传感器将力的大小转换成电信号输出,从而达到测量转矩的目的。在转速测量上,采用非接触式的磁电式转速传感器,将转速信号转换成电信号输出。

## 7.4　液压阀试验台

### 7.4.1　液压阀试验台的组成

液压阀试验台主要由以下几部分组成：

① 液压油源系统：包含液压泵组、液压阀、滤油器、外冷却循环过滤系统、油箱及其他液压附件。

② 温度控制液压油源系统：包含液压泵组、液压阀、滤油器、外冷却循环过滤系统、加热器、油箱及其他液压附件。

③ 测试系统：压力传感器、温度传感器。

④ 试验系统：被试液压阀。

### 7.4.2　液压阀试验台的功能

温度控制阀即温度控制溢流阀，其工作原理是通过温度变化来控制溢流阀的通流截面积，既而控制溢流阀的进口压力。

液压油源系统为温度控制阀供油，而温度控制液压油源系统用来调节温度控制阀的温度。通过对压力传感器和温度传感器的参数进行采集和处理，可得到温度控制阀的特性曲线。

油箱采用外循环冷却的方式进行冷却，由循环泵将油箱内的高温油输送到油/水冷却器中，将油/水冷却器输出的低温油液送回油箱中液压泵的入口处。温度控制液压油源系统为独立系统，冷却器安装在回油管路上，油箱内设有加热器、温度传感器等附件，与冷却器配合使用可调节油箱内液压油的温度。

冷却水采用冷却塔冷却。蓄水池内的冷却水由水泵注入供水总管，由总管引入液压源间，接到液压源油/水冷却器的冷却水进口，用于冷却高温油液，输出的热水回到回水总管，流向冷却塔冷却，冷却水储存在蓄水池中。

### 7.4.3　液压阀试验台的设计

液压阀试验台的液压原理图如图 7-4 所示，它由液压油源、被试液压阀、冷却循环泵、油/水冷却器、油箱总成和相应的控制阀、温度控制液压油源组成。

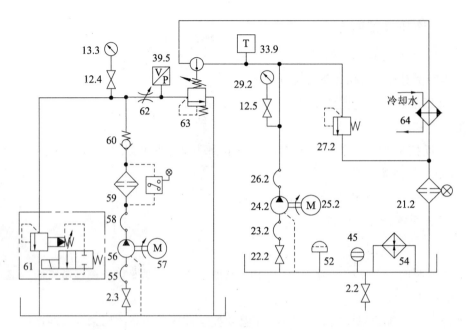

2、12、22—截止阀;13、29—压力计;21—带污染指示器的过滤器;23、26、55、58—软管;24—循环泵;

25、57—电机;27—溢流阀;39—压力传感器;33—温度传感器;45—液位计;52—空气滤清器;

54—加热器;56—主泵;59—过滤器;60—单向阀;61—电磁换向阀;62—可调节流阀;

63—被试阀;64—冷却器

**图 7-4  液压阀试验台的液压原理图**

测试系统设有压力传感器、温度传感器。其主要配置如下:

(1) 液压油源系统

① 额定工作压力:31.5 MPa;② 主泵为 1 台排量为 10 mL/r 的恒压变量泵;③ 额定流量:15 L/min;④ 主泵配置电机功率:11 kW;⑤ 具有外循环冷却过滤系统;⑥ 循环泵为 1 台排量为 158 mL/r 的叶片泵;⑦ 循环泵配置电机功率:7.5 kW;⑧ 油/水热交换器;⑨ 液压油清洁度:NAS1638 7 级;⑩ 5 $\mu$m 绝对值过滤。

(2) 温度控制系统

① 额定工作压力:1.5 MPa;② 主泵为 1 台排量为 158 mL/r 的叶片泵;③ 循环泵配置电机功率:7.5 kW;④ 具有外循环冷却过滤系统;⑤ 油/水热交换器;⑥ 液压油清洁度:NAS1638 7 级;⑦ 5 $\mu$m 绝对值过滤;⑧ 380 VAC,50 Hz 电源。

### 7.4.4  冷却系统设计

系统工作时,系统的功率损失都转化为热量使液压油温度升高,这样将导致黏度降低、泄漏增加、系统性能和效率下降,也容易使液压系统发生气蚀和振动。为使液压油的工作温度保持在一个合适的范围内,必须设计合理的冷却系统。液压泵、液压马达和液压阀试验台共用冷却器的设计。

系统采用外循环冷却过滤系统,计算参数如下:① 液压油入口温度按 100 ℃ 计算;② 冷却水入口温度按 30 ℃ 计算;③ 冷却系统的功率为 7.5 kW;④ 冷却水需求量为 10 m³/h;⑤ 循环泵提供的液压油流量为 230 L/min。

经过计算可得,冷却器液压油出口温度为 36.6 ℃,冷却水出口温度为 33.7 ℃。选择 SWEP 公司的板式冷却器 GL-13M×45 可以满足冷却要求。

确定冷却系统参数如下:① 循环泵为 1 台排量为 158 mL/r 的 T6D-050-2R00-A1 叶片泵;② 循环泵配置电机功率:7.5 kW;③ GL-13M×45 油/水热交换器;④ 冷却方式:水冷;⑤ 冷却水需求量:不小于 10 m³/h;⑥ 散热方式:冷却塔＋水池;⑦ 冷却器冷却水侧压力降:60 kPa;⑧ 冷却器入口水温低于 30 ℃;⑨ 冷却水采用经过过滤的淡水,以防止杂质进入冷却器。

### 7.4.5　多功能专用油箱设计

① 箱体选用不锈钢制造,采用密闭性结构,以减少油液污染环节。油箱容积为 2.0 m³。

② 油箱采用隔板分为三个区:主泵吸油区、冷却系统回油区和循环泵吸油与液压源回油区,其中冷却系统回油区为油箱中间区,以提高系统的冷却效果。

③ 油箱的通气孔装有空气滤清器,其过滤精度为 10 μm。

④ 液位计安装在便于观察油箱中油液量的位置,并标识出油箱允许的最小工作油液量和最大工作油液量。

⑤ 油箱底部安装放油球阀,油箱外表面为静电喷塑。

### 7.4.6　液压源的污染控制

通常液压系统的故障 85％ 以上是由液压介质的污染引起的,为防止液压系统因污染而引起系统功能故障,液压源在污染控制方面主要采取以下措施:

① 主泵的出口高压管路上安装德国 HYDAC 公司的滤油器,过滤精度为 5 μm。

② 系统回油箱的回油管路上安装德国 HYDAC 公司的滤油器,过滤精度为 10 μm。

③ 冷却系统液压油循环管路上安装德国 HYDAC 公司的滤油器,过滤精度为 10 μm。

④ 多功能油箱的通气孔装有空气滤清器,过滤精度为 10 μm。

⑤ 系统配管:通径 50 mm 以下的硬管全部采用不锈钢管,其余管路采用碳钢管,碳钢管外表面喷漆,内部经酸洗、中和、钝化和涂油处理。

⑥ 多功能油箱的箱体采用不锈钢材料。

## 7.5　液压系统试验台

### 7.5.1　液压系统试验台的组成

液压系统试验台主要由以下几部分组成:

① 液压系统:液压阀、滤油器、油箱及其他液压附件。

② 驱动系统:直流调速电机。

③ 测试系统:压力传感器、温度传感器、扭矩转速传感器、流量计。

④ 试验系统:液压泵-马达传动系统。

⑤ 加载系统:电涡流测功机。

### 7.5.2 液压系统试验台的功能

液压系统试验台的驱动是通过直流调速电机来完成的,加载系统为电涡流测功机,液压泵、液压马达的输入、输出扭矩及转速可由扭矩转速传感器测出;被试液压泵、马达进油口、出油口及泄漏口均设有压力传感器和温度传感器,在被试泵、马达的泄漏管路和系统回油管路上设置了流量计。通过对上述各传感器数据的采集和处理,可得到被试液压系统的各种性能曲线。

液压系统试验台油箱采用外循环冷却的方式进行冷却,由循环泵将油箱内的高温油输送到油/水冷却器中,将油/水冷却器输出的低温油液送回油箱中液压泵的入口处。

冷却水采用冷却塔冷却。蓄水池内的冷却水由水泵注入供水总管,由总管引入液压源间,接到液压源油/水冷却器的冷却水进口,用于冷却高温油液,输出的热水回到回水总管,流向冷却塔冷却,冷却水储存在蓄水池中。

### 7.5.3 液压系统试验台的设计

液压系统试验台的液压原理图如图 7-5 所示,它由被试液压系统、直流调速电机、电涡流测功机、冷却循环泵、油/水冷却器、油箱总成和相应的控制阀组成。对于液压系统试验台的设计,考虑能量回收形式,这种形式可以参考相应手册进行设计。

测试系统设有压力传感器、温度传感器、流量计,采用比例溢流阀控制系统的压力,实现液压源的现场/远程比例调压。其主要配置如下:① 额定工作压力:31.5 MPa;② 被试液压泵最大排量:100 mL/r;③ 直流电机功率:200 kW;④ 被试液压马达最大输出功率:90 kW;⑤ 电涡流测功机功率:100 kW;⑥ 采用比例溢流阀,具有远程比例调压功能;⑦ 具有外循环冷却过滤系统;⑧ 循环泵为 1 台排量为 158 mL/r 的叶片泵;⑨ 循环泵配置电机功率:7.5 kW;⑩ 5 μm 绝对值过滤;⑪ 液压油清洁度:NAS1638 7 级;⑫ 油/水热交换器。

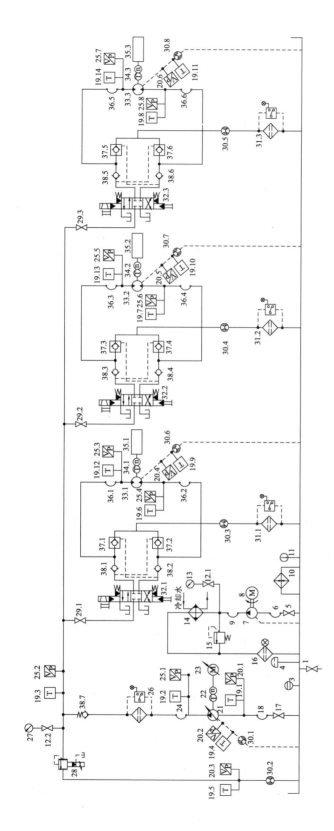

**图 7-5　液压系统试验台的液压原理图**

1—截止阀；2—压力计；3—液位计；4—空气滤清器；5、17—蝶阀；6、9、18—低压软管；7—循环泵；8—电机；10—加热器；11、19—温度传感器；12—压力开关表；
13、27—压力表；14—冷却器；15—溢流阀；16—回油滤清器；20、25—压力传感器；20、25—回油过滤器；21—被试泵；22、34—扭矩转速传感器；23—直流调速电机；24、36—高压软管；
26—高压过滤器；28—比例溢流阀；29—高压球阀；30—流量计；31—回油滤阀；32、37—液控单向阀；33—液压油泵；35—电涡流测功机；38—单向阀

171

### 7.5.4　冷却系统设计

系统工作时,系统的功率损失都转化为热量使液压油温度升高,这样将导致黏度降低、泄漏增加、系统性能和效率下降,也容易使液压系统发生气蚀和振动。为使液压油的工作温度保持在一个合适的范围内,必须设计合理的冷却系统。

综合考虑系统实际工作状况,按试验台功率的 35% 设计冷却器。

系统采用外循环冷却过滤系统,计算参数如下:① 液压油入口温度按 50 ℃ 计算;② 冷却水入口温度按 30 ℃ 计算;③ 冷却系统的功率按液压源功率的 35% 计算,为 70 kW;④ 冷却水需求量为 20 m³/h;⑤ 循环泵提供的液压油流量为 230 L/min。

经过计算可得,冷却器液压油出口温度为 36.6 ℃,冷却水出口温度为 33.7 ℃。选择 SWEP 公司的板式冷却器 GL-13M×85 可以满足冷却要求。

确定冷却系统参数如下:① 循环泵为 1 台排量为 158 mL/r 的 T6D-050-2R00-A1 叶片泵;② 循环泵配置电机功率:7.5 kW;③ GL-13M×85 油/水热交换器;④ 冷却方式:水冷;⑤ 冷却水需求量:不小于 20 m³/h;⑥ 散热方式:冷却塔+水池;⑦ 冷却器冷却水侧压力降:60 kPa;⑧ 冷却器入口水温低于 30 ℃;⑨ 冷却水采用经过过滤的淡水,以防止杂质进入冷却器。测试系统油箱设计和油液污染控制参考前文。

## 7.6　典型案例——传动油泵性能试验系统

传动油泵性能试验系统承担综合传动泵组和内啮合齿轮泵连续运转试验、流量试验、密封性试验、动态特性试验和可靠性试验等。传动油滤承担综合传动用油滤过滤比、纳污量和压降特性试验等。

### 7.6.1　泵组测试系统要求

泵组测试系统要求具有以下试验功能:

(1)综合传动泵组和内啮合齿轮泵动态特性试验

① 连续运转试验和泵组流量试验:测试液压泵不同压力下的出口流量。

② 密封性试验:具备测试不同压力和温度下的液压泵各个部位的泄漏量的能力。

③ 液压泵出口压力动态脉动试验:具备测试液压泵在不同转速、不同入口和出口压力下的出口波动流量和压力脉动动态特性的能力。

④ 液压泵输入扭矩动态测试:具备测试不同油温和压力下的液压泵输入扭矩的能力,可完成液压泵机械效率和容积效率测试,允许通过测试液压泵扭矩、转速等参数间接测试机械效率,允许通过测试液压泵入口与出口流量等参数间接测试容积效率。

(2)综合传动泵组可靠性试验

① 超速试验:测试泵组在比额定工况转速和负载有所提高状态下的性能,泵组输入转速控制在 4 000~4 500 r/min,出口压力为 3~3.5 MPa,在此工况下测试流量特性。

② 寿命试验:可测试一定试验条件下的泵组寿命。

③ 液压泵噪声特性测试：按照 GB/T 17483—1998 具备液压泵噪声 A 计权声压级和声功率级测试能力。

### 7.6.2　主要技术参数及要求

泵组试验子系统由试验控制系统和数据采集与分析系统等组成。最大转速 4 500 r/min，控制精度≤±2 r/min；最大功率：被试件（泵组）驱动功率 100 kW，内啮合齿轮泵和高压制动驱动功率 30 kW；最大扭矩≥300 N·m；被试件出口压力范围：泵组 0.5～5 MPa，内啮合齿轮泵 0.2～5 MPa，高压制动泵 1～25 MPa；液压泵输入转速可在 150～4 500 r/min 范围内调节；压力油箱压力 0～0.2 MPa 可调；可从常温连续调节至 135 ℃，温度控制精度≤5 ℃。被试件（泵组）同时工作最大输入流量：1 000 L/min；试验介质：泵组试验子系统为 10W－40 柴机油；油箱：主油箱容积 1 200 L，回油油箱容积 800 L，压力油箱容积 150 L 并配气源及气压处理系统；液压系统过滤精度：10 $\mu$m。

### 7.6.3　测试系统

测试系统满足表 7-1 中测试系统传感器的技术要求。

表 7-1　测试系统传感器的技术要求

| 序号 | 传感器名称 | 测试对象 | 测量范围 | 数量 | 主要技术指标 |
|---|---|---|---|---|---|
| 1 | 压力传感器 | 回油泵 | 0.05～1 MPa | 1 | 工作温度－20～150 ℃，精度≤±0.5％F. S.，寿命＞1 000 万个循环（0→100％F. S.），长时间零漂≤±0.1％F.S./年，重复性≤±0.05％F.S. |
| | | 补偿泵 | 0.5～3 MPa | 2 | |
| | | 操纵泵 | 0.5～3 MPa | 2 | |
| | | 内啮合齿轮泵 | 0.5～3 MPa | 1 | |
| | | 高压制动泵 | 0.5～25 MPa | 1 | |
| | | 压力油箱 | 0.05～0.5 MPa | 1 | |
| | | 油滤系统 | 0.5～2.5 MPa | 6 | 精度≤±0.3％F. S.，工作温度 0～85 ℃ |
| 2 | 扭矩传感器 | 液压泵输入驱动扭矩 | 10～500 N·m | 2 | 精度≤±0.1％F. S. |
| 3 | 流量传感器 | 回油泵 | 50～500 L/min 最高工作压力 1 MPa | 1 | 精度≤±1％F. S. |
| | | 补偿泵 | 20～250 L/min 最高工作压力 4 MPa | 1 | |
| | | 操纵泵 | 20～250 L/min 最高工作压力 4 MPa | 1 | |
| | | 高压制动泵 | 5～50 L/min 最高工作压力 30 MPa | 1 | |
| | | 油滤性能 | 10～100 L/min 最高工作压力 3 MPa | 1 | 精度≤±0.5％F. S.，工作温度－20～120 ℃ |
| | | | 66～660 L/min 最高工作压力 3 MPa | 1 | |

| 序号 | 传感器名称 | 测试对象 | 测量范围 | 数量 | 主要技术指标 |
|---|---|---|---|---|---|
| 4 | 温度传感器 | 液压泵入口油温 | −20～150 ℃ | 1 | 精度≤±0.5％F.S. |
| | | 油滤测试系统油温 | | 4 | |
| 5 | 转速传感器 | 液压泵 | 1～5 000 r/min | 3 | 精度≤±1 r/min |

### 7.6.4　控制系统

控制系统由变频控制柜、远端控制台等设备组成,可以实现传动泵组和油滤试验的现场手动控制和远程自动调节。它具有以下功能:控制系统参数设置功能;试验过程控制功能;通信功能,具备将数据采集系统收集到的数据传输至以太网,且总传输速率不低于200 Mbps 的能力;帮助功能,具有系统帮助界面,点击系统帮助按钮进入系统帮助界面,此界面不仅提供传动泵组及油滤性能测试系统的液压系统原理图,同时还提供试验系统的操作与维修电子手册等信息,供操作者查阅。

### 7.6.5　数据采集与分析系统

数据采集设备至少具有 48 个测试通道(其中 24 通道测试压力、4 通道测试温度、2 通道测试扭矩、4 通道测试转速、14 通道测试流量),2 个 CAN 总线节点。

数据采集设备有 IP 地址设置功能,可多台设备组网成一个系统,数据传输使用 TCP/IP 协议。

数据采集设备可独立于上位计算机工作,不因断网或上位计算机故障而影响数据采集存储。

### 7.6.6　实施方案

泵组测试系统由机械液压系统、测控系统及相应的辅助设备组成,结构如图 7-6 所示。

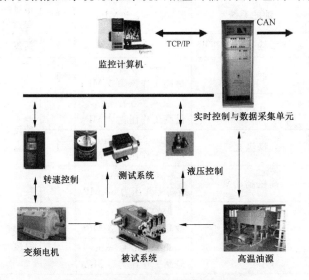

**图 7-6　机械传动泵组试验系统结构图**

　　机械液压系统包括试验台架、泵组驱动部分、高温油源与防护装置。

　　测控系统包括监控单元、实时控制与数据采集单元、变频器及辅助装置。其中,数据采集单元主要采集扭矩、速度、压力、温度等数据。

　　(1)机械液压系统

　　机械液压系统如图 7-7 所示,包括泵组驱动部分、内啮合齿轮泵和高压制动泵驱动部分、油箱换油及循环冷却部分、辅助气源。

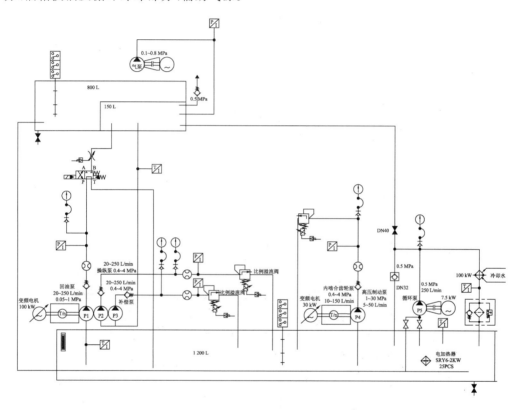

图 7-7　机械液压系统原理图

　　1)泵组驱动部分

　　图 7-8 所示为泵组驱动部分液压原理图,泵组驱动部分为试验泵组提供动力输入,模拟发动机的不同工况。驱动部分由变频器、变频电机及相应的辅助机构构成。控制系统通过模拟量驱动变频器,控制变频电机的转速,模拟发动机的不同工况。变频电机通过扭矩转速传感器与被试泵组相连,带动回油泵、操纵泵和补偿泵转动。

　　泵组驱动部分所含电机、扭矩转速传感器、电缆及附件配置如下:泵组试验系统最大输入功率为 110 kW;最高输入转速为 4 500 r/min;最大输入扭矩为 350 N·m;电机型号为 YNP135 – 315S(见表 7-2)。

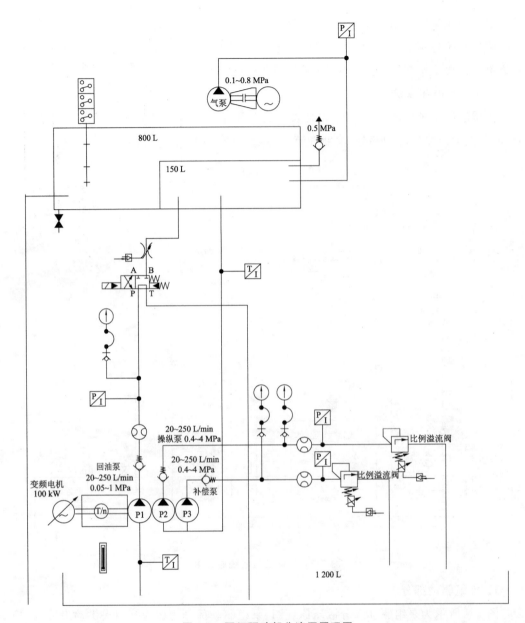

图 7-8　泵组驱动部分液压原理图

表 7-2　泵组驱动部分配置

| 序号 | 名称 | 规格型号 | 主要指标 |
|---|---|---|---|
| 1 | 动力电机 | 110 kW 变频电机 | 4 500 r/min |
| 2 | 变频器 | 0~120 Hz | 110 kW |

变频电机与变频器如图 7-9 所示。

图 7-9　变频电机与变频器实物图

2）内啮合齿轮泵和高压制动泵驱动部分

内啮合齿轮泵和高压制动泵驱动部分原理图及配置如图 7-10 和表 7-3 所示。该部分由单独的变频电机驱动,转度最高可达 4 500 r/min。电机与泵之间有扭矩转速传感器,检测油泵的机械输入扭矩。

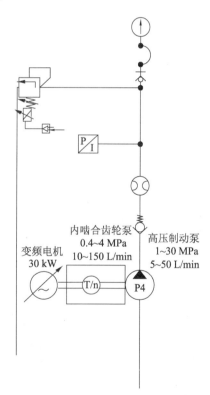

图 7-10　内啮合齿轮泵和高压制动泵驱动部分原理图

表 7-3　内啮合齿轮泵和高压制动泵驱动部分配置

| 序号 | 名称 | 规格型号 | 主要指标 |
|---|---|---|---|
| 1 | P4 电机 | 30 kW 变频电机 | 4 500 r/min |
| 2 | 变频器 | 0～120 Hz | 30 kW |

泵组驱动部分与内啮合齿轮泵和高压制动泵驱动部分的变频转速控制采用矢量控制模式加速度反馈闭环控制。负载稳定工况下满足要求。

3）油箱换油及循环冷却部分

为满足试验要求,高温油源共设置有 3 个油箱,分别为 1 500 L,800 L 和 150 L,其中 150 L 为高压油箱。油源中设置了加热器与循环冷却装置,其原理图及配置如图 7-11 和表 7-4 所示。

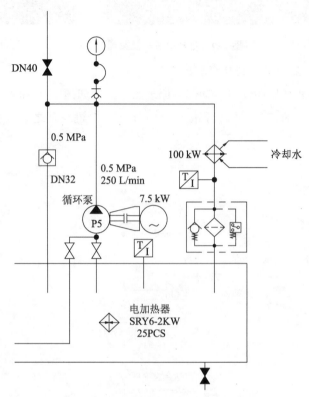

图 7-11　油箱换油及循环冷却部分原理图

表 7-4　油箱换油及循环冷却部分配置

| 序号 | 名称 | 规格型号 |
|---|---|---|
| 1 | 电机 | 7.5 kW |
| 2 | 循环泵 | NB5 - C160F |
| 3 | 电加热器 | SRY6 - 2KW×25 |
| 4 | 冷却器 | 100 kW |

考虑到回油泵排量与操纵泵和补油泵排量的差异,采用循环泵补充供油方式弥补压力油箱流量的不足。

25 只护套加热器设计满足了在常温环境下将介质从 20 ℃加热到 135 ℃的时间≤2 h 的要求,足够的加热面积有效地避免了局部加热温度过高而产生凝焦。

冷却装置采用水冷方式,实现冷却功率 100 kW。

4）辅助气源

辅助气源为高压油箱提供压力,压力范围小于 1 MPa。本试验辅助气源采用台湾捷豹系列气源及相应的管路构成,实物图及配置如图 7-12 和表 7-5 所示。

图 7-12　辅助气源实物图

表 7-5　辅助气源配置

| 序号 | 电机 | 规格型号 |
|---|---|---|
| 1 | 气泵 | 0.75 kW;压力 1 MPa;流量 75 L/min |

（2）测控系统

测控系统包括控制系统和数据采集系统两部分,采用两级控制模式,即由任务管理和实时控制两级控制器构成,完成系统的闭环实时控制。

测控系统组成如图 7-13 所示,包括监控计算机、交换机、实时控制计算机、调理板等。

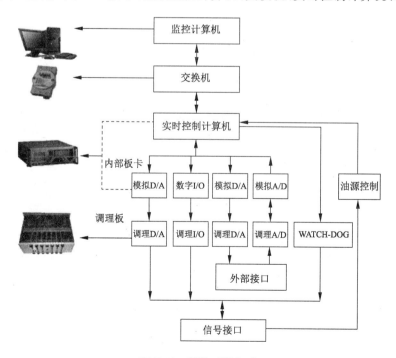

图 7-13　测控系统组成

　　整个控制系统是一个分布式控制网络。监控单元处于控制系统最上层,也称为上位机。实时控制计算机处于系统的下层,与变频器、比例阀和温度控制一同构成实时控制环。测试系统中,监控单元通过以太网实现与实时控制计算机间的信息传递。实时控制计算机发送控制指令给试验系统完成试验过程。

 习　题

7.1　流量传感器的种类有哪些?各自的工作原理是什么?如何选用?

7.2　扭矩传感器的种类有哪些?各自的工作原理是什么?如何选用?

7.3　测功机的种类有哪些?各自的工作原理是什么?如何选用?

7.4　整理液压泵和液压马达的功率、力矩及效率的计算公式。

7.5　整理液压测试国家标准。

7.6　测试系统硬件的构成是什么?如何确定采样频率?能否提供几种其他硬件构架?

7.7　液压测试系统的压力传感器有哪些?工作原理是什么?如何选用?

7.8　如何控制液压测试系统油温?

7.9　用 AMESim 软件对各个测试系统进行建模仿真,并评价所选元器件的合理性。

# 参考文献

［1］章宏甲,黄谊,王积伟.液压与气压传动[M].北京:机械工业出版社,2000.

［2］方昌林.液压、气压传动与控制[M].北京:机械工业出版社,2000.

［3］姜继海,宋锦春,高常识.液压与气压传动[M].北京:高等教育出版社,2002.

［4］清华大学流体传动及控制研究室,上海工业大学流体传动及控制教研室.气压传动与控制[M].上海:上海科学技术出版社,1986.

［5］王孝华,陆鑫盛.气动元件[M].北京:机械工业出版社,1991.

［6］许福玲,陈尧明.液压与气压传动[M].3版.北京:机械工业出版社,2007.

［7］吴克坚,于晓红,钱瑞明.机械设计[M].北京:高等教育出版社,2003.

［8］林述温.机电装备设计[M].北京:机械工业出版社,2002.

［9］刘培基,王安敏.机械工程测试技术[M].北京:机械工业出版社,2003.

［10］机电一体化技术手册编委会.机电一体化技术手册:第1卷[M].2版.北京:机械工业出版社,1999.

［11］［日］绪方胜彦.现代控制工程[M].卢伯英,佟明安,罗维铭译.北京:科学出版社,1976.

［12］骆涵秀,李世伦,朱捷,等.机电控制[M].杭州:浙江大学出版社,1994.

［13］张兵,谢方伟,张新星,等.电液伺服试验平台液压系统研究[J].机床与液压,2016,44(17):79-83.

［14］周汝胜,焦宗夏,王少萍.液压系统故障诊断技术的研究现状与发展趋势[J].机械工程学报,2006,42(9):6-14.

［15］陆望龙.液压维修工速查手册[M].北京:化学工业出版社,2008.

［16］王国彪,何正嘉,陈雪峰,等.机械故障诊断基础研究"何去何从"[J].机械工程学报,2013,49(1):63-72.

［17］姜万录，刘思远，张齐生. 液压故障的智能信息诊断与监测［M］. 北京：机械工业出版社，2013.

［18］姜万录，刘思远. 液压气动系统状态监测与故障诊断技术［M］. 北京：化学工业出版社，2016.

［19］刘保杰，杨清文，吴翔. 液压系统故障诊断技术研究现状和发展趋势［J］. 液压气动与密封，2016，36(8)：68－71.

［20］贺艳. 浅谈液压系统故障诊断的方法［J］. 液压气动与密封，2017，37(10)：61－63.

［21］雷亚国，贾峰，孔德同，等. 大数据下机械智能故障诊断的机遇与挑战［J］. 机械工程学报，2018，54(5)：94－104.

［22］张金玲，韩江. 液压系统故障诊断技术的研究现状与发展趋势研究［J］. 无线互联科技，2019，16(17)：134－135.

［23］邓婕，李舜酩. 基于深度学习的故障诊断方法研究综述［J］. 电子测试，2020(18)：43－47.

［24］许亚丽. 液压传动系统故障诊断与维修措施［J］. 技术与市场，2020，27(6)：108，110.

［25］雷天觉. 新编液压工程手册［M］. 北京：北京理工大学出版社，1998.

［26］Zhu Y，Li G P，Wang R，et al. Intelligent fault diagnosis of hydraulic piston pump based on wavelet analysis and improved AlexNet［J］. Sensors，2021，21(2)：549.